礁滩储层识别与勘探

胡伟光　编著

中国石化出版社

内容提要

本书以四川盆地海相礁滩型储层识别与预测的勘探实例为基础，系统阐述了礁滩型储层识别与预测的原理及详细的技术方法、应用实例。针对四川盆地内海相礁滩型储层的识别与预测，应用古地貌分析技术、基于叠前或叠后地震资料相关的地球物理技术方法分别进行计算，并对关于礁滩型储层的预测成果进行分析、研究；还总结了这些地球物理技术方法的应用情况及特点，提出礁滩型储层预测的一些关键技术要点；利用本书所提供的技术方法、参数可开展礁滩型储层的识别、预测及研究工作，所得的成果可为勘探井或开发井井位布设提供相关的论证材料及依据。

本书可供全球各大石油公司从事碳酸盐岩及礁滩型储层的勘探、开发的研究人员参考，也可供高等院校石油地质、地球物理、石油工程等相关专业的师生学习使用。

图书在版编目(CIP)数据

礁滩储层识别与勘探 / 胡伟光编著. —北京：中国石化出版社，2016.12
ISBN 978-7-5114-4338-0

Ⅰ. ①礁… Ⅱ. ①胡… Ⅲ. ①储集层－地震识别②储集层－地震勘探 Ⅳ. ①P618.130.8

中国版本图书馆 CIP 数据核字(2016)第 275090 号

中国石化出版社出版发行

地址：北京市朝阳区吉市口路 9 号
邮编：100020　电话：(010)59964500
发行部电话：(010)59964526
http://www.sinopec-press.com
E-mail:press@sinopec.com
北京富泰印刷有限责任公司印刷
全国各地新华书店经销

*

700×1000 毫米 16 开本 10.25 印张 174 千字
2017 年 1 月第 1 版　2017 年 1 月第 1 次印刷
定价：42.00 元

前　言

礁滩型油气藏目前在国内外已经发现不少，礁滩型油气藏的储量在世界油气探明总储量中约占10%。该类油气藏具有油气丰度大、产能高等特点，一直是油气勘探家们重点研究的目标。在中国无论新疆塔里木盆地、四川盆地，还是南海区域等，都发现了礁滩型油气储层，并获得了相关的油气突破及商业化生产。但是生物礁滩预测一直是油气勘探的难点，在四川盆地以往预测的生物礁经多数钻井钻探揭示，基本上都落空了(没钻遇礁滩相)，据统计该盆地钻井中经钻探发现的礁滩相有90%以上都是随机钻遇的，这些勘探实例表明相关的礁滩相识别及预测技术还有待探索及提高。

近些年来，中国石化勘探分公司在四川盆地海相礁滩型储层的油气勘探中取得了大规模的工业突破及商业发现，获得了一批高产工业气流井并荣获相关的油气勘探奖项。其中，在普光、元坝、涪陵等地区的长兴组均钻遇大型的礁滩型储层，并完成相关的国家油气储量申报，取得了相当可观的勘探及经济效益。

为了更好地指导及研究礁滩型储层的识别及预测，应业内同行要求，我们针对元坝、涪陵等地区长兴组礁滩型储层的预测成果进行分析研究，集结成书，探索、研究中国石化勘探分公司在这些地区礁滩型油气勘探中的成功经验，期待为中国乃至全球的礁滩型储层预测、勘探实践提供指导和借鉴作用。

本书共分为5章，第一章介绍礁滩型储层的特点及相关的地球物理技术，有助于读者了解相关的礁滩型储层及其识别、预测的技术特点。第二章至第四章重点阐述礁滩型储层识别与预测的原理及实践操作、应用实例，利用成熟的商业软件对有关地区的礁滩型储层进行预测并展示成果。第五章是对礁滩型储层预测的集成总结，结论可以给读者一些启示及思考。

礁滩型储层预测是世界性的，使用相当广泛，世界上多个高产的油气田均为礁滩型油气田。中国石化勘探分公司在四川盆地的礁滩型储层的预测及实践中，获得了一些有益、有用的经验。本书尽可能收集元坝、涪陵等地区的长兴组礁滩型储层的预测资料，并结合相关储层预测成果进行分析、总结。在对礁滩型储层预测过程中，我们获得的主要认识和成果简述如下：

(1)礁滩型储层的沉积相及古地貌研究相对重要，它可以确定礁滩相的平面和垂向上的分布位置，为后续相关的储层预测提供准确的礁滩相位置信息。

(2)叠后属性及反演技术可以提供礁滩型储层的厚度及空间位置信息，但泥岩类往往会对礁滩型储层的预测形成干扰。叠后波阻抗反演技术可利用去泥质技术，排除泥岩类对储层预测的干扰。此外，礁滩型储层在地震剖面上往往表现出亮点的反射特征。

(3)各种裂缝预测技术具有各自的优缺点，大多数情况下使用单一裂缝预测技术难以对整个礁滩相区的裂缝进行全覆盖。其中，叠前地震资料可预测微观—中型规模的裂缝(如P波各向异性分析技术)，叠后地震资料则难以对该级别的裂缝进行预测，但对于识别大级别的宏观裂缝如断裂，使用叠后的相干技术则相对较好。

(4)针对裂缝方向的预测，由构造应力场分析技术所计算的裂缝方向与井上的实测裂缝方向相比误差较小，由其他裂缝预测技术所得的预测结果则与实测结果相比误差相对较大。

(5)要预测礁滩型储层中的溶孔及裂缝所充填的不同流体，可利用AVO/FVO技术及叠前弹性波阻抗反演中的相关计算属性、交会分析技术实施不同流体预测；而使用叠后地震资料进行烃类检测(如吸收衰减技术)，对于AVO/FVO技术及叠前弹性波阻抗反演来说，精确度相对差一些，准确度也差。另外，要注意泥岩类对这些技术预测流体的干扰，在实际操作过程中要对其进行剔除。

(6)要采用沉积相、裂缝、烃类检测等综合分析及预测手段，实施对研究区礁滩型储层的预测，这样的预测结果相对更为准确、实用。

本书是中国石化参与四川盆地礁滩型储层勘探决策、评价研究和物探技术攻关的全体管理及技术人员集体智慧的结晶，从多年的礁滩型储层预测研究成果中进行总结，在这项集体劳动成果集结出版的时候，笔者对上述参加人员表示衷心的感谢！也感谢为本书编撰辛勤付出的绘图人员。

本书在中国石化勘探分公司各级领导关怀下，由胡伟光编撰、统稿完成。由于现阶段的油气勘探进程较快，相关的礁滩型储层预测成果的分析、认识可能不足，并且本书成果集成总结的时间相对紧张，再加上作者水平有限，书中错误和分析不妥之处望读者不吝赐教。

目　录

1 概 论

1.1 礁滩储层简介

随着中国经济的快速增长，我国对能源的需求量越来越大，国内的油气产能已不能满足国民经济发展的需要，所以对石油天然气的勘探及开发显得相对迫切。现在，我国从碳酸盐岩储集层中发现的油气储量已接近世界油气储量的一半，产量则已达总产量的60%以上。

随着油气勘探的不断深入以及勘探技术的提高，油气勘探的重点已经从简单的构造性油气藏向复杂的岩性油气藏转移。生物礁储层作为典型的岩性油气藏储层，在油气勘探中显得至关重要。生物礁储层和其他类型储层相比，具有较高的孔隙度、渗透率，因此是一种优良的碳酸盐岩储层，容易形成大型、超大型油气田；同时，礁滩型油气藏由于产能高和采收率高等优点而日益受到国内外石油公司的重视。

据粗略统计，碳酸盐岩占全球沉积岩总面积的20%，所蕴藏的油气储量占世界油气总储量的52%；目前已经探明的碳酸盐岩油气可开采总量为1434.5×10^8t，探明可采石油为750.1×10^8t，探明可开采天然气为684.4×10^8t，其中生物礁储层油气储量约占碳酸盐岩油气总储量的20%；世界碳酸盐岩储层的油气产量约占油气总产量的60%，目前世界已确认的7口日产量达到1×10^4t以上的油井，有一半属于生物礁型油气田。因此，研究生物礁滩储层具有重要意义。

生物礁是由固着生物所建造的原地沉积的碳酸盐生物建隆，从科学的角度对生物礁进行研究开始于18世纪末到19世纪初，至今已有近200年的研究历史。20世纪20年代，在生物礁中发现了大量的石油天然气，更加刺激了人们对生物礁的兴趣，掀起了生物礁研究的热潮，并有许多重大发现。在国外，大型生物礁滩油气藏主要分布在美国、伊拉克、利比亚、巴西、澳大利亚、科威特、墨西哥等国家，比如，北美地区的墨西哥湾盆地、印尼的撒拉瓦蒂盆地、中东波斯湾盆地、美国二叠盆地、澳大利亚西南部的卡那封盆地和奥特韦盆地等，都勘探出了世界级生物礁型巨型油气田。在中国，也曾勘探出大型生物礁油气田，如四川盆地二叠系生物礁油气藏、南海莺歌盆地生物礁油气藏、南海北部珠江口盆地生物礁油气藏等，还有新疆塔里木盆地、鄂尔多斯盆地等。这些海相盆地规模大，生、储、盖条件优越，有利于形成大型油气藏，因此具有重要的勘探前景。

四川盆地位于中国西部，是典型的海相碳酸盐岩沉积盆地。在该盆地区域内，碳酸盐岩具有层系多、分布广泛、厚度大等特点，具有广阔的油气勘探前景。例如川东北地区油气勘探从20世纪50年代开始，经过几十年的发展，在油气藏勘探理论和实践操作经验方面，取得了丰硕成果，发现了一批大中型油气田。王一刚等指出四川盆地勘探大中型生物礁油气藏的有利相带是“开江—梁平”古海槽陆棚边缘带，在此基础上，张延充等把四川盆地中生物礁气藏的有利相带扩展为“泛开江—梁平海槽”东西两侧的岩隆相带。1963年关于鲕粒滩相的工业气流首次在石油沟构造的飞仙关组滩相储层中钻获，从此开始，川东北地区长兴组生物礁滩储层和飞仙关组鲕粒滩储层都取得了重大突破，尤其是近20年来，在四川盆地发现了铁山、梁平、黄龙、渡口河、罗家寨等油气储量巨大的生物礁和鲕粒滩相储层(图1-1)。2003年，中国石化在川东北普光地区的飞仙关组和长兴组储层中，连续发现pg1井和pg2井，并都钻获高产工业气流，从而发现了中国特大型气田——普光气田，其天然气探明储量超过$0.45\times10^{12}m^3$，至此，奠定了四川盆地在我国油气勘探方面的重要地位。川东北地区长兴组生物礁滩储层具有储层厚、储量大、单井产量高等特点，因此成为四川盆地重点的油气勘探区域。

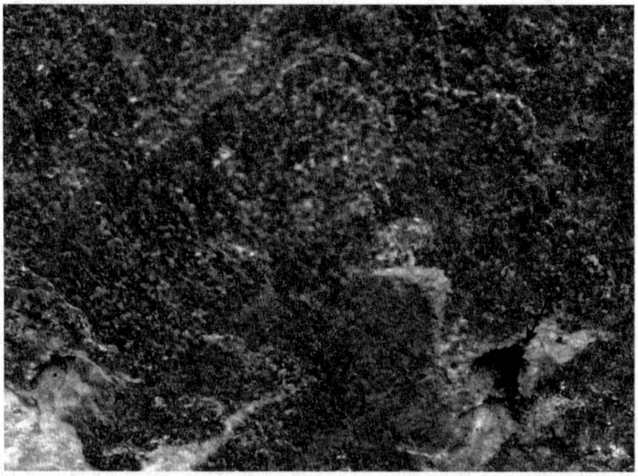

图1-1　鲕粒灰岩中发育的粒间孔及溶孔(箭头处为溶孔)

近几年来中国石化勘探分公司在普光气田之后，相继在川东北地区的上二叠统长兴组和下三叠统飞仙关组的生物礁滩储层中发现了元坝大气田，并在川东南的涪陵地区也发现了长兴组的礁滩型气田，中国石油也在元坝地区附近的龙岗地区相应的沉积相带打到日产近 $200 \times 10^4 m^3$ 的天然气井。进一步确立了四川盆地上二叠统长兴组和下三叠统飞仙关组生物礁、滩气藏的巨大勘探开发潜力。

现代的油气勘探开发除地质、钻探工作之外，地球物理资料，尤其是高精度三维地震资料是不可或缺的，对于埋藏深度较大的目的层(大于3000m)，若缺少可靠的地球物理资料，将给钻探带来很大风险。但是利用地球物理资料进行深层生物礁滩相储层预测也是一项世界性的研究难题，据刘划一等人的资料，四川石油局在20世纪80年代初投入了较多的礁滩勘探工作量，至1997年年底在已钻探的30口礁井中，属于正确预测的只有10%，其余均是“随机”钻遇的，礁圈闭预探井失误率高达80%以上。礁滩气藏的勘探在相当一段时期内处于“想打的打不到，未打的又碰到”的可遇(到)不可(预)测的被动局面。

生物礁滩相储层地球物理预测的主要困难在于：①礁滩相油气储层以岩性—构造型为主，其空间分布很不规则，基于常规地震同相轴对比追踪的“地震相面法”或构造勘探方法，均难以准确地成图、成像。②有意义的礁滩储层往往埋藏深度大，大深度地震资料的分辨率和信噪比低，有效信号的识别和解释困难，多解性强、可靠性不高。③碳酸盐岩的地震波传播速度高及大多数礁体规模不大，造成双程反射时差小，地震波的运动学特征不明显；礁与非礁岩石的物性差异也不大，且非均质性强，使地震波的动力学特征差异也不明显，增加了地球物理反演的不确定性。④礁储层类型多，内部结构复杂，响应特征多变；鲕粒滩储层常伴有薄互层的地震调谐特征，识别生物礁储层的地球物理判别准则常常彼此矛盾。⑤反映有效储层的地震资料往往还要受到复杂表层结构和复杂地下构造的影响，极易产生识别陷阱。这些困难和问题在很大程度上制约了礁滩相油气的勘探开发步伐和进程。

1.1.1 礁滩储层特征

1)生物礁定义

从Walther(1911)、Ladd(1944)到Lowenstan(1950)、Newell等(1953)对生物礁严格定义为由生物作用形成的抗浪构造，到20世纪70年代Dunham(1970)提出礁的双重概念(地层礁和生态礁)，生物礁的定义有了跨时代的发展。加上西欧、北美等地广泛使用的岩隆(buildup)一词，生物礁的概念及其相关术语的发展呈现出定义繁多、难以掌握的局面。面对这种情况，范嘉松、张维(1985)、范嘉松(1988)综合考虑到使用者的习惯，建议把繁多的术语统一于一个基本术语——“岩隆礁(buildup reef)”或称“碳酸盐岩隆礁(carbonate buildup reef)”之内，并建议将滩(bank)这一术语保留下来继续使用，从而形成岩隆礁、滩、层的命名体系，用以概括各种类型的碳酸盐隆起构造。但是，此后的生物礁概念并未形成统一，直到目前仍存在很大分歧。曾鼎乾等(1988)认为，礁是由原地生长的造礁生物营造，具有抗浪格架、凸镜状或丘状的外部形态，并突出于四周同期沉积物，前后常形成不同的相带。强调生物的有机成因、抗浪构造的重要性以及突出于同期沉积物的外部形态。梅冥相(1997)认为，生物礁是一种独特的沉积体系，是由复杂的物理、化学、生物综合作用形成的具有抗浪性的特殊碳酸盐岩体。从狭义上讲，生物礁在横向上是局限的，其生长发育具有明显的生物证据。齐文同(2002)认为，生物礁是由生物构成，包括造架生物、联结包覆生物和礁栖生物，且与生物的长期演化、绝灭和复苏密切相关，反映环境特征甚至全球环境变化的是生物礁。

一般能为大多数地质学家所认同的生物礁定义是一种坚硬的、抗浪固着的生物骨架，它是由骨架单元及其碎屑残余组成的一种碳酸盐岩建造，碎屑残余物质充填于骨架内部空间和骨架间的孔隙中。从石油地质角度考虑，对礁采用这样的概念：礁是由造礁生物和附礁生物组成的、具有突出于同期沉积物的丘形状态，能影响四周沉积环境的碳酸盐岩隆，并把与礁在成因上有关的碳酸盐沉积的集合体称为礁复合体。生物礁具体描述如下：

(1)礁的主体是由造礁生物和附礁生物在原地生长、“筑积”而成，这有别于碎屑岩的“填积”式沉积；

(2)礁具有突出于同期沉积物的正地形地貌特征，形成岩隆并因此而能影响其临近地域和成岩环境；

(3)礁复合体包含了礁及成因上与礁有关的沉积岩体。

2)生物礁地质特征

成熟的生物礁一般具有前礁、礁核和后礁相带，由造礁生物组成的格架是礁的一个重要组成部分。各时代生物礁常见的格架有3种：①支撑格架：是由“枝状”生物组成，常被藻叠层所缠绕；②块状格架：是由群体和块状造礁生物紧挨在一起组成；③堆集缠结格架：这是由造礁生物死亡后原地堆集，经藻叠层缠绕黏结而形成。格架能够有效地抵抗风浪的袭击，有利于礁的继续生长，并起着改变沉积环境和控制沉积相的作用。礁核部分具有特殊的格壳结构或晶簇状结构，它由文石转化的柱状或针状的低镁方解石组成，常常垂直造礁生物体壁呈放射状生长。另外礁内还有大量的填隙物，如亮晶方解石胶结物、灰泥充填物、砂砾屑和附礁生物等。

根据古代生物礁各部位及其岩相特征，从陆向海方向可以将生物礁划分为3个相带(图1-2)：①礁后相：位于生物礁向陆的一侧，一般是礁后泻湖，主要为白云岩、石灰岩、砂岩、页岩及硬石膏等的互层沉积；②礁核相：是生物礁的主体，主要由生物格架岩和生物黏结岩组成，孔隙十分发育；③礁前相：生物礁前面向海一侧，生物礁在海浪的冲击下形成塌积岩和礁前角砾岩，也具有发育的孔隙。再向海方向就过渡为以沉积灰色—黑色页岩和石灰岩为特征的盆地相。

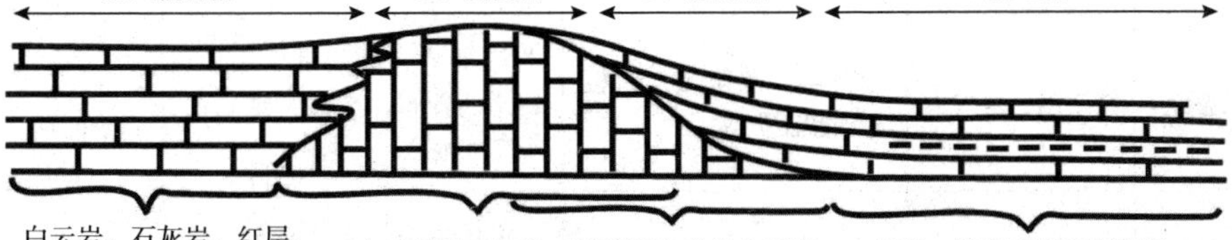

图1-2　古代生物礁的各部分及其岩相分布特征示意图(据 A. I. Levorsen，1967 改编)

3)生物礁形成

中国各地质历史时期生物礁十分发育，分布范围较广，目前所发现的生物礁遍及西北、西南及华北地区，在南海北部大陆架的中新统和华北的始新统中也有礁体分布。自震旦纪以来，中国各地质时期海相地层中均有礁的分布，各时代生物演化和兴衰更替，使得各时期的造礁生物及其附礁生物的组合有很大的不同，形成不同类型、不同规模和特征的礁体。其中，泥盆纪、二叠纪和新近纪时期礁体发育最盛，礁体不但数目众多，而且规模巨大，构成中国历史上3个主要的造礁期(表1-1)。晚震旦世灯影期，中国南方海侵使整个西南地区发育一套以碳酸盐岩为主的沉积建造。因气候温和、阳光充足、海水洁净，给生物发育提供了良好的生活环境，这一时期造礁生物基本上是单一的藻类，形成以藻类为主体的各种形态的叠层石。至奥陶纪时，寒武纪盛极一时的古杯类已少见，继而出现海绵、床板珊瑚、层孔虫、苔藓虫和瓶筐石等新的生物门类，它们成为了重要造礁生物；同时，腕足类、棘皮类、足类、腹足类、有孔虫和介形虫等附礁生物大量涌现。石炭纪生物礁丘稀少，主要造礁生物特征不明显，可能主要为苔藓虫、珊瑚和藻类。二叠纪是中国生物礁丘发育的鼎盛期，礁体遍及西北、西南和东南广大地区。礁体和造礁生物特征明显，造礁生物主要为海绵，还有苔藓虫、水螅、床板珊瑚和藻类等次要造礁生物，常见藻类和钙质海绵礁丘，部分为藻类、海绵、珊瑚及苔藓虫生物礁丘。

表1-1　中国各地质时期生物礁的类型及其分布特征

时代	生物礁类型	造礁生物	分布地区	备注
新近纪	格架礁和点礁	钙藻、六射珊瑚、苔藓虫和海绵等	中国南海北部、华北东部地区	第三重要造礁时期
中侏罗世—早白垩世	点礁为主	海绵、层孔虫和六射珊瑚为主	西藏安多、羌塘盆地、措勤盆地	部分发育，晚白垩世—古近纪不发育
中—晚三叠世	点礁为主	红藻类、海绵及六射珊瑚	四川、贵州、广西、西藏羌塘盆地	
二叠纪	格架礁，规模大	海绵、苔藓虫、床板珊瑚和藻类等	浙江桐庐、赣西北、湘南、四川、贵州，广西和昆仑山等广大地区	第二重要造礁时期
石炭纪	生物礁丘少	苔藓虫、珊瑚和藻类	中国南方、华北东部、陕西秦岭地区	不发育
泥盆纪	格架礁，礁体规模大，达900m	四射珊瑚、层孔虫	陕西、四川、湘西、滇、黔、桂等地区	第一重要造礁时期
早志留世	点礁和生物丘	藻类、层孔虫、床板珊瑚和苔藓虫	川西北广元—陕西宁强、川东南—黔北地区	
奥陶纪	格架礁和点礁	晚奥陶世为床板珊瑚、层孔虫和藻类；早、中奥陶世为海绵、瓶筐石和藻类	湖北松滋、湘西北、浙西—赣东、塔里木地区	
早寒武世	层状礁和点礁	古杯类和藻类	湖北宜昌、黔北，川西—陕南地区	
晚震旦世	叠层石	藻类	浙西、黔北地区	

(1)造礁生物。生物堆积或生物作用的产物对生物礁的形成具有重要的作用。在相关的造礁生物中，主要有藻类、古杯动物、苔藓虫、海绵动物、腔肠动物、棘皮动物(海百合)和软体动物(厚壳蛤类)等(图1-3)。

（a）软体动物及其他生物碎屑

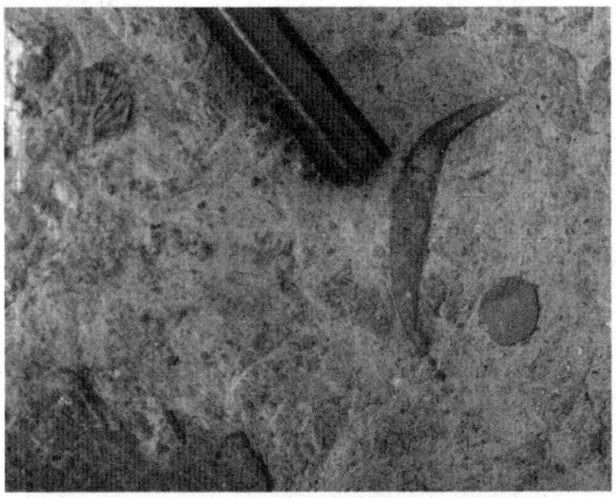

（b）古生物礁化石及其他生物碎屑

（c）古生物礁化石

（d）软体动物类

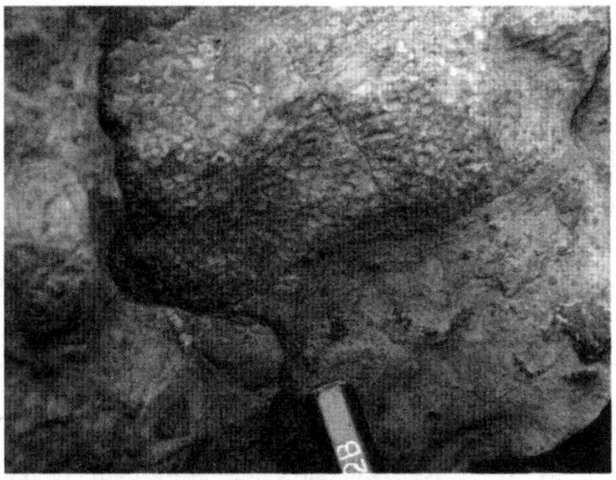

（e）古珊瑚类

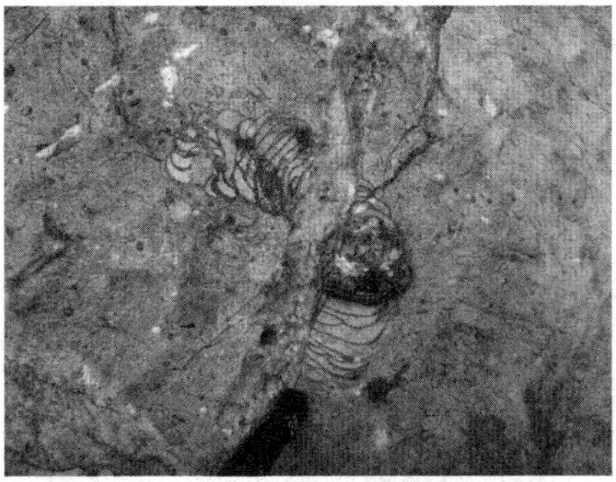

（f）造礁生物

图 1-3　重庆北碚长兴组露头剖面中的古生物礁化石

(2)大地构造与生物礁。在漫长的地质历史中，构造运动的影响是广泛而深远的。大地构造单元的不同特征是控制礁发育演化的重要因素之一。根据 Scoffin (1978)的研究，生物礁的生长发育往往出现在那些首先形成的地形稍高的地区，因为在这种地区浅水珊瑚生长较快而且沉积物的沉积速率较低。而 Kuznetsov

(1990)则认为大地构造是生物礁发育演化压倒一切的控制因素，不同的地质历史时期，生物礁的类型、规模、不同类型所处的构造背景以及古地理(地貌)控制都发生了明显的变化。

(3)海平面变化与生物礁。此外，海平面变化是控制生物礁生长演化的又一重要因素。在海平面不断变化及其与礁生长速度的不同配置作用影响下，生物礁的几何形态、内部结构、组分特征、群落演替、生态序列、生长速率、生长方式以及堆积型式等各不相同。如二叠世的茅口期和长兴期是我国两次较大的成礁期，而这两次成礁期就正好对应了我国南方出现的两次较大规模的海侵海退旋回中海侵进一步扩大的阶段。

1.1.2 四川盆地礁滩型储层

四川盆地的陆相及海相地层中发育多套有利的油气储层，如海相长兴组的礁滩储层，在钻遇这种类型储层的一些钻井经测试获得工业气流，实现相关区域的油气突破及商业化生产。现对四川盆地的这个重要油气储层段分主要的研究地区描述如下：

1)元坝地区长兴组

川东北元坝地区二叠系长兴组的区域地层厚度约为40~360m，位于礁滩相带的长兴组地层厚度多为200~300m，局部可达360m。长兴组与上覆飞仙关组为整合接触(图1-4、图1-5)，飞仙关组底部为灰色泥灰岩或含泥灰岩，测井曲线以高伽马、低电阻率为特征；长兴组顶部礁滩相带为灰色白云岩、含云灰岩或生屑白云质灰岩，测井曲线以较低伽马和较高电阻率为特征。

根据不同沉积相带的岩性组合特征，元坝地区台地边缘礁滩主体相带长兴组可分为上、下两段，分别对应两套储层，岩电特征明显，可对比性好。在台地边缘浅滩相带(yb12、yb22井区)长兴组难以区分上下段，储层主要发育于长兴组中上部。现分别描述如下：

①长兴组台地边缘浅滩：yb12井、yb22井钻探揭示，地层厚度分别为216m和207m，礁后生屑滩处于开阔台地及台地边缘生物礁相带之间，早期滩形成于生物礁未形成障壁之前地貌高部位，后期为生物礁已形成障壁，生物礁被打碎在礁后堆积形成。yb12井为两期滩相的叠加，岩性以亮晶生屑白云质灰岩及亮晶生屑含白云质灰岩为主；yb22井早期滩不发育，岩性以生屑灰岩、生屑含云灰岩为主。电性特征上，自然伽马值为低值，曲线平直且变化平缓，FMI动态图像显示为块状特征。

②长兴组礁滩主体上段：地层厚度多为110～180m，局部可达230m以上。长兴组上段沉积时元坝地区西南部以台地边缘礁滩相沉积为主，生物礁发育。岩性组合底部为深灰色含泥灰岩，中部为灰色生屑灰岩、礁灰岩和云质灰岩，顶部为浅灰色白云岩、溶孔白云岩、生屑白云岩、生屑灰岩。受生物礁影响，处于礁体中心的厚度要大于礁体边部。测井上除早期伽马值较高外，整个长兴组上段均为平直低伽马，电阻率曲线整体呈高阻状，在储层发育部位呈相对低阻。

图1-4　北碚地区长兴组与飞仙关组呈整合接触关系(虚线为分界线)

③长兴组礁滩主体下段：地层厚度约为90m。长兴组下段沉积时元坝地区以开阔台地相沉积为主，生屑滩主要发育于下段中上部，分布广泛，仅yb27、yb204井附近不发育；同时，yb11、yb9井在下段底部钻遇一套优质生屑滩储层，推测该套储层可能在yb11→yb9井呈北西向条带状展布。岩性主要为灰色白云岩、含云生屑灰岩，地层厚度变化不大，反映古地形较为平缓。但受总体南西高北东低的地貌影响，仍具有由北东向南西逐渐加厚的趋势。测井上自然伽马由早期的锯齿状高伽马逐渐变化为储层段的箱状低伽马。

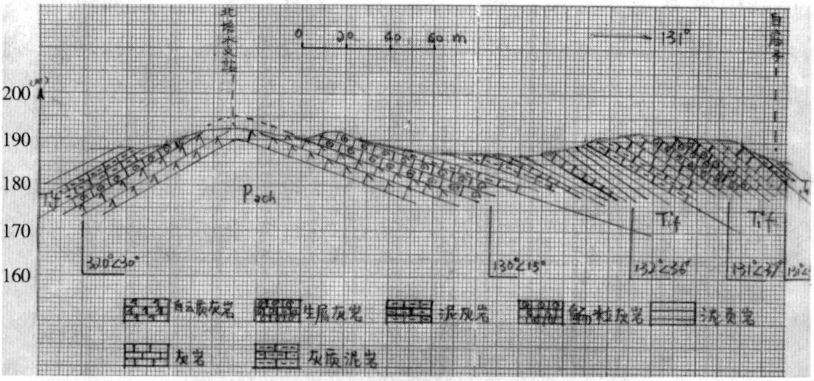

图 1-5　重庆北碚地区水文站—白庙子信手地质剖面图

（图中长兴组为 P_{2ch}，飞仙关组为 T_f^1）

(1)礁滩储层岩石特征。

长兴组礁滩储层岩石类型包括粉—泥晶生物灰岩、亮晶生物灰岩、粉—泥晶生屑云质灰岩、粉晶灰质白云岩、粉—亮晶生屑灰岩、粉—细晶生屑白云岩、泥晶生屑灰岩、溶孔中—粉晶白云岩、细—粉晶云质灰岩等，其中礁滩主体储层岩石类型以溶孔中—粉晶白云岩、粉—细晶生屑白云岩为主，礁后浅滩相储层以粉—泥晶生屑云质灰岩、粉—亮晶生屑灰岩为主。

①溶孔中—粉晶白云岩：白云石晶粒大小不均，一般为 0.05 ~ 0.25mm 不等，以粉—细晶为主，约占 75%，中晶约占 25%，白云石半自形晶为主，部分晶形较好，大部分晶间镶嵌致密。重结晶作用强，原生结构无法辨认，岩石显残余结构。溶蚀作用发育，孔隙以溶孔为主，约占 65%，大小一般为 0.2 ~ 1.5mm 不等，溶孔中见自生石英，呈中—细晶，少量晶形好。晶间孔占 35%，孔径一般为 0.05 ~ 0.15mm。

②粉—细晶生屑白云岩：白云化作用强，白云石晶粒表面多见方解石残余物，呈斑点状分布。白云石晶粒一般约为 0.07 ~ 0.15mm 不等，局部可达 0.25mm，以细晶为主，占 70%，粉晶占 25%，少见中晶占 5%，晶形好，为自形—半自形晶，少数为它形晶，晶间均为沥青质充填，部分镶嵌，局部见微量晶间孔，孔径为 0.02 ~ 0.04mm。棘皮类生屑特征较明显，为直径达 3mm 的海百合茎，少见有孔虫、腕足类生屑。

③粉—泥晶生屑云质灰岩：方解石为泥晶结构，晶径一般约为 0.01mm，晶形较差。白云石呈中—细晶，半自形晶为主，部分晶形较好。重结晶作用强，原生结构大多被破坏，岩石显残余结构。蜓多为碎片，主要为古蜓，大小约为 0.5

~1mm 不等；有孔虫含量高，多为碎片，见球瓣虫等；棘皮大小不一，0.5～1.5mm 不等。局部见藻屑，呈不规则状，大小约为 0.1～0.2mm，结构模糊。偶见晶间微孔，孔径一般为 0.02～0.05mm。

④粉—亮晶生屑灰岩：亮晶胶结为主，局部见泥晶结构，晶形较差。白云化较弱，白云石呈细晶，半自形晶为主，部分晶形较好，分布不均。岩石略显残余结构，生物多为碎片。生物主要为有孔虫类，见四排虫等，蜓多为碎片，主要为古蜓，大小约为 0.5～1mm。棘皮大小不一，粒径约为 0.3～1.5mm 不等。部分生物种属不清。见少量藻屑，呈不规则状，大小约为 0.1～0.2mm，结构模糊。局部见蓝绿藻，部分粒屑具藻缠绕特征。偶见晶间微孔，孔径一般约为 0.01mm。

(2)礁滩储层沉积相特征。

在钻井岩屑、岩心观察、测井相分析、地震资料解释的基础上，根据岩石组合特征、沉积组构特征、剖面序列特征、沉积机理、电性特征、地震相特征等资料，将元坝地区长兴组划分为局限台地相、开阔台地相、台地边缘生物礁相、台地边缘浅滩相、台地前缘斜坡相、陆棚相 6 类沉积相(表 1-2)。

表 1-2　元坝地区长兴组沉积相分类表

沉积体系	相	亚相	岩性
碳酸盐岩台地	局限台地	滩后泻湖、礁后泻湖	泥晶灰岩、泥灰岩
	开阔台地	生屑滩、滩间	亮晶生屑灰(云)岩、泥晶灰岩
	台地边缘生物礁	礁基、礁核、礁盖	溶孔白云岩、亮晶生物灰岩、泥晶灰岩
	台地边缘浅滩	生屑滩、滩间	亮晶生屑灰(云)岩、泥晶灰岩
	台地前缘斜坡	上斜坡、下斜坡	泥晶灰岩
	陆　棚	深水陆棚、浅水陆棚	泥岩、泥灰岩、硅质灰岩

从目前钻探情况来看，长兴组储层主要发育在台地边缘礁滩相带，早期的开阔台地相生屑滩亚相也有一定发育。

①台地边缘生物礁相。

台地边缘生物礁相位于台地与斜坡之间的转换带，也是浅水沉积和深水沉积之间的变换带，处于水动力能量较高的沉积环境，岩性以海绵障积礁灰岩、海绵骨架礁灰岩及骨架海绵礁白云岩、颗粒灰岩、生屑灰岩为主。台地边缘生物礁相发育于长兴组(图 1-6、图 1-7)，发育有台地边缘礁基亚相、礁核亚相、礁盖亚相(图 1-8)。

图1-6　生物礁灰岩，示底构造发育（yb2井，长兴组）

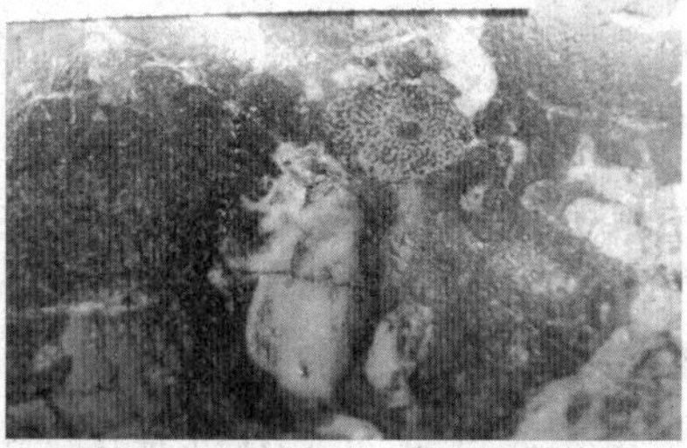

图1-7　生物礁灰岩，造礁生物为苔藓虫（yb2井，长兴组）

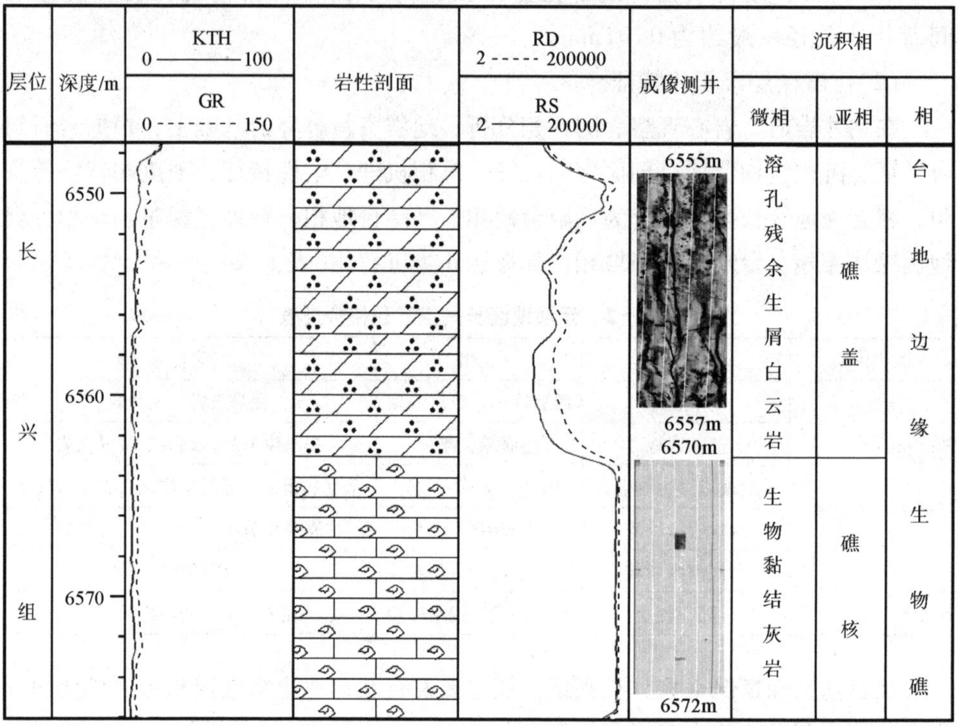

图1-8　元坝地区台地边缘生物礁相沉积特征(yb2井)

礁基位于生物礁最底部，为生屑滩沉积，岩性为浅灰色中—薄层状含泥灰岩、含生屑灰岩，自然伽马值起伏较大，无铀伽马曲线平直，电阻率表现为相对低值。

礁核亚相岩性为灰白、浅灰色厚层块状海绵黏结岩和海绵障积岩，造礁生物主要为串管海绵，次为苔藓虫，附礁生物有腕足、腹足、海百合及蜓，礁体中发育大量藻黏结结构，藻围绕海绵生长，将单个海绵个体连接为整体，岩性相对致密。电性上，礁核亚相自然伽马值为低—极低值，在 10 ~ 15API 左右，曲线平直且变化平缓，无铀伽马与自然伽马的匹配性较好，电阻率呈高值—极高值，多数已达限幅，FMI 成像测井静态和动态图上图像为亮白色，块状特征明显，层理不发育，在局部段可见薄层溶蚀孔隙发育段。

礁盖亚相位于生物礁上部，岩性为灰至灰白色亮晶生屑白云岩，为生屑滩沉积，是台地边缘礁滩相储层发育的有利相带。电性上自然伽马值为中—低值，在 10 ~ 44API 左右，曲线微有起伏，变化平缓，曲线形态呈指状及微齿状，无铀伽马与自然伽马的匹配性较好；电阻率呈相对低值，其值的大小与储层孔隙发育程度及流体性质有关；FMI 成像测井静态图像为亮白色到棕黑色，局部受溶蚀影响为棕黑色；动态图像显示为块状层理，溶蚀孔洞发育，局部有高角度裂缝发育。

②台地边缘浅滩相。

台地边缘浅滩相主要发育于长兴组，以生屑滩为主。长兴组台地边缘生屑滩处于开阔台地及台地边缘礁滩相带之间，yb12 井钻遇该相带，岩心显示是长兴中期边缘礁发育初始期至尚未形成障壁之前的高能沉积，岩性以含生屑白云质灰岩、含云生屑灰岩为主；电性特征上，自然伽马值为低值，曲线平直且变化平缓，电阻率为低电阻率特征，FMI 动态图像显示为块状低阻特征(图 1-9)。

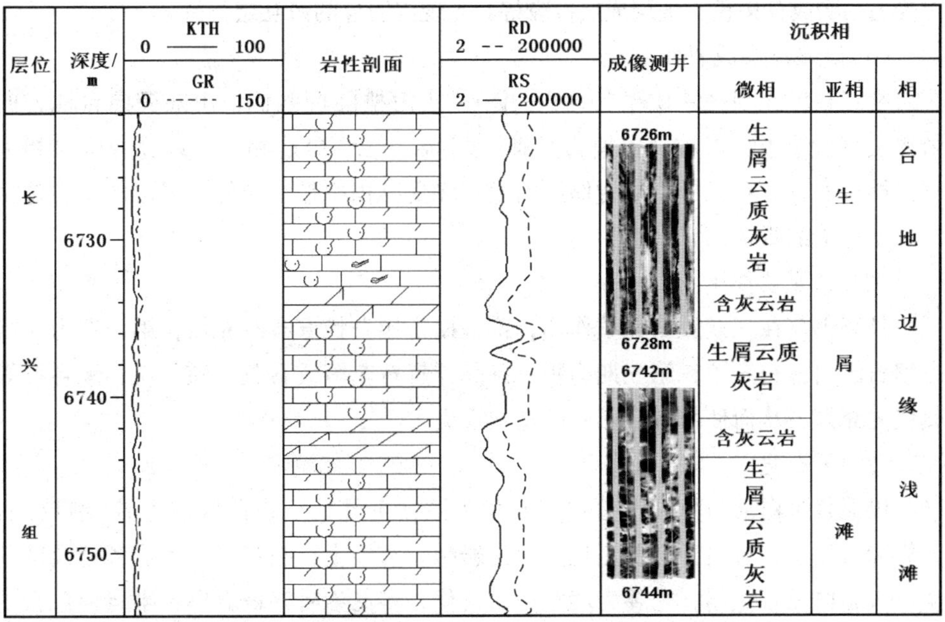

图 1-9 元坝地区台地边缘浅滩相沉积特征(yb12 井)

③开阔台地相。

全区分布相对广泛，在长兴组早期地震剖面上表现为开阔台地反射为空白、低频、亚平行影象特征，台地岩性主要由灰岩、砂(生)屑灰岩组成，开阔台地相可以进一步划分为浅滩亚相、滩间亚相。

浅滩亚相为开阔台地环境中的浅水高能地带，沉积时能量较高，岩性以亮晶砂屑灰岩、亮晶生物碎屑灰岩以及相对应的各类颗粒云灰岩为主。生屑滩电性上自然伽马值为低值，平均约为9API，曲线平直且变化平缓，无铀伽马与自然伽马的匹配性较好，岩性致密段电阻率值较高，平均约为3200Ω·m，当储层发育时电阻率明显降低，FMI成像测井静态图像为暗黄色到棕黑色，动态图像显示为块状特征。

滩间亚相处于相对较深水的灰泥坪沉积区，沉积环境能量低，沉积物粒度细，岩性以泥—微晶灰岩为主，夹少量砂屑灰岩，从钻探情况来看长兴组早期发育大量滩间沉积，纵向上，浅滩与滩间沉积物多为韵律互层，构成向上变浅(深)沉积序列。电性上自然伽马值相对较低，在15~41API左右，平均约为21API，曲线变化平缓，局部呈指形及微齿状，无铀伽马与自然伽马的匹配性较好；电阻率为中值，数据在47~1800Ω·m左右，平均约为132Ω·m，曲线形态成指形及齿状，FMI成像静态图像成黄褐色，地层成层性较好，表现出明显的薄互层特征。

(3)礁滩储层成岩作用。

晚二叠世元坝区块位于“开江—梁平”古海槽陆棚西侧，由陆棚向台地方向依次发育台地边缘斜坡、台地边缘礁(浅)滩、开阔台地相，台地边缘礁滩相为本区储层发育有利相带，同时储层的发育除受沉积相带控制外，成岩作用也是控制储层优劣的重要因素。

①胶结充填作用。

长兴组存在三期胶结充填作用，第一期为栉壳状方解石充填，第二期为粒状方解石或白云石充填，第三期为粗—巨晶方解石充填或石英、硬石膏、天青石等交代并充填，从而使部分岩石孔隙造成损失。

②白云石化。

以混合水白云石化和埋藏白云石化为主，主要见于礁顶残余生屑(颗粒)白云岩和含残余颗粒白云岩及泥粉晶白云岩中。礁核生物礁灰岩、生屑灰岩及礁基生屑灰岩白云石化弱，主要为埋藏白云石化，多见生屑等被自形、半自形白云石不同程度交代，其中生物礁灰岩多见亮晶方解石胶结物被白云石化。部分颗粒白云岩多已完全砂糖化形成粉—细晶白云岩，粒屑已无法辨认。早期混合水白云石见埋藏白云石化形成的环边，孔隙中见自形自生粉—细晶白云石，岩石白云石化不完全，部分白云石中见残留方解石。砂屑多呈泥粉晶结构，以粉晶结构为主，砂屑等粒屑白云石化较亮晶基质白云石化难，亮晶基质白云石化后多呈细—中晶结构，以细晶结构为主。

③溶蚀作用。

主要发育于礁顶滩相白云岩中，岩石多已砂糖化成粉—细晶白云岩，具次生加大亮边，孔隙类型为白云石晶间溶孔和晶间孔，以晶间溶孔为主，局部发育溶蚀扩大孔。礁灰岩或生物灰岩中偶见云化强烈的生物屑白云岩，岩石孔隙也较发育，主要为粉—中晶白云石交代早期粒间亮晶方解石胶结物后形成的少量残余白云石晶间孔，局部见溶蚀现象，部分孔隙中见沥青充填。礁灰岩和生物灰岩总体上孔隙很不发育，局部偶见天青石、硬石膏、石英或沥青等交代早期充填粒间孔隙的方解石或白云石并充填残余孔隙。

溶蚀作用主要发育两期：第一期为早期埋藏溶蚀，与有机质热演化形成的有机酸有关，孔隙中见残留沥青，分布不均，均质性差，局部较集中；第二期为晚期埋藏溶蚀，与液烃裂解形成的富 CO_2 酸性流体介质及 TSR 有关，据气体分析资料，yb2 井 H_2S 气体含量约 6% ~7%。该期溶孔中缺乏沥青，仅很少的溶孔中见很少量沥青残留物。溶孔孔径多数介于 0.1 ~0.2mm 之间，主要为早期白云石化形成的晶间孔和早期埋藏溶蚀孔经再次溶蚀形成的孔隙，少数孔隙经溶蚀扩大形成溶蚀扩大孔。该类型孔隙在薄片中相对第一期溶蚀孔隙含量稍高，分布也相对较均匀，孔隙均质性较好。

(4)礁滩储层储集空间

根据长兴组现有的岩心、岩石薄片及成像资料观察分析，元坝地区长兴组储层以发育晶间溶孔、溶洞为主，约占总孔隙的 70%，其次为膏溶孔、生物溶孔、残余粒间孔、残余生物格架孔及裂缝等，约占总孔隙的 25%，少量晶间孔，约占总孔隙的 5%。

①晶间溶孔。主要是由白云石晶间孔因溶蚀扩大而形成。该储集空间是元坝地区长兴组储层最主要的储集空间，发育于各种结晶白云岩中，主要见于礁顶生屑滩中，生屑主要为有孔虫、蜓、棘屑及双壳类生物(屑)等，多形成一、二类优质储层。

②晶间孔。岩心薄片反映白云岩晶间孔较发育，以白云石晶体作为孔隙格架，呈规则三角形或多边形，部分被溶蚀扩大后形成晶间溶孔，见不规则溶蚀边，为有机质完全或不完全充填。

③膏溶孔、生物溶孔、残余粒间孔、生物格架孔及裂缝等。现详细描述如下：

a. 膏溶孔：是石膏、硬石膏或盐岩等经早期淡水或地层混合水溶蚀形成，多见溶蚀后再次被粉细晶白云石、方解石、石英、天青石、沥青等不同程度充填，其中白云石、白云石+石英组合多为半充填，而白云石+方解石、白云石+方解石+天青石组合多为完全充填。该类溶孔主要见于长兴组顶部台缘礁顶潮坪－泻湖环境中的泥粉晶白云岩中。其中，大部分岩石比较致密，以发育三类储层为主，局部溶蚀作用强烈也可形成良好的一、二类优质储层。

b. 生物溶孔、残余粒间孔及生物格架孔：主要见于灰质白云岩及白云质灰岩中，残余生屑白云岩中也常见，为白云石化和溶蚀作用共同作用形成，其中生物溶孔主要见于双壳类、蜓及腹足类生物，经不同程度溶蚀后形成，生物格架孔主要为礁灰岩格架孔经胶结作用、白云石化作用及溶蚀作用后的残余孔隙。

c. 裂缝：在元坝完钻井长兴组储层取心中，岩心直裂缝、斜裂缝、水平裂缝较发育，局部裂缝呈网状，部分裂缝被方解石、有机质半充填，部分孔、洞因裂缝而相互连通；岩石薄片中也见多期裂缝切割岩石，特别是完全裂缝，多未充填，成为连通孔隙和油气运移的良好通道。

通过大量微观资料的精细分析，元坝长兴组储层裂缝主要为台地边缘礁滩储层裂缝，按成因主要可分为构造缝、压溶缝及溶蚀缝。

Ⅰ. 构造缝。

构造缝主要是构造作用使岩石产生破裂形成的，按成因可分为压性裂缝和张性裂缝两种。前者由构造挤压形成，外观呈线状，充填少量炭质沥青、方解石或白云石晶体；后者由拉张作用形成，常见发育三期裂缝，前两期充填方解石、白云石或沥青，第三期张性裂缝未被充填。而从形态上构造缝又可分为高角度缝（垂缝、斜缝）和低角度缝（水平缝），总体上构造缝在长兴组储层中分布普遍，尤其在构造相对高部位，由于受到的构造作用更强，构造缝尤为发育，且多表现为高角度缝（图1－10～图1－13）。

Ⅱ. 压溶缝。

岩石在埋藏过程中由于压溶作用往往易形成压溶缝（缝合线），裂缝呈锯齿状、延伸远，具体分为粒缘压溶缝、网状压溶缝及岩性界面压溶缝，主要形成于中成岩阶段（埋藏期），该期的压溶缝由于对应于研究区吴家坪组烃源岩的液烃期，可作为油气储集空间和运聚的通道，故普遍被沥青充填。

Ⅲ. 溶蚀缝。

该类裂缝主要受地表水淋滤或酸性流体溶蚀而形成，常与溶蚀孔、洞及其它裂缝交错相连，将岩石切割成大小不同的碎块。由于长兴组沉积期属于海相沉积环境，当地层水性质发生改变时，所沉积的方解石和白云石极易被溶解，故易于形成溶蚀缝。研究区所发育的溶蚀缝主要是在中晚成岩期形成的，该阶段溶解作用多不具选择性，主要是层间酸性流体对先期微细裂隙、压溶缝及构造缝等再次发生溶蚀，使其规模明显加大。溶蚀缝的缝壁一般呈不规则状，部分呈港湾状，常将各类型孔隙连接起来，在各种岩石类型中均有发育，对于岩石物性较差储集岩的储集性能改善有重要作用(图1-14)。

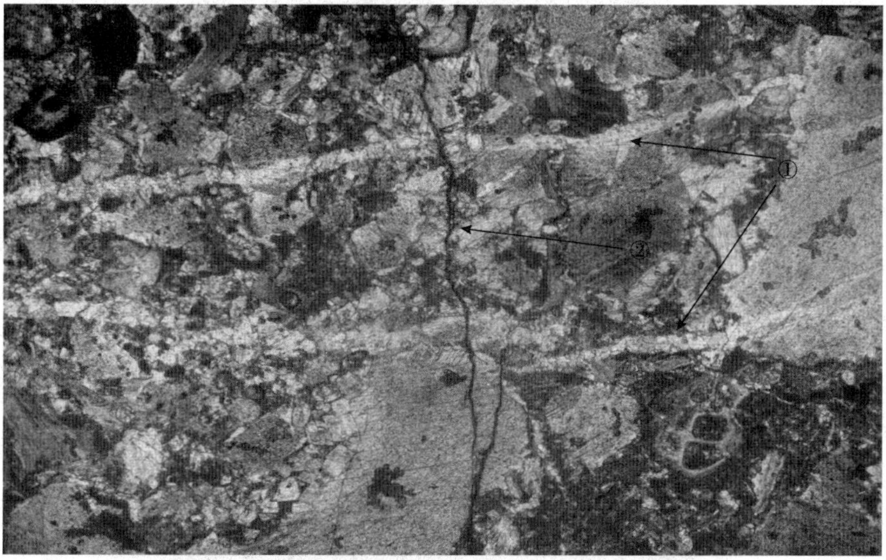

图1-10　yb123井长兴组泥晶生屑灰岩发育两期构造缝

（早期裂缝被方解石充填—①号箭头位置，晚期裂缝切割早期裂缝且未被充填—②号箭头位置）

图1-11　yb102井长兴组溶孔白云岩

（中期高角度构造缝见溶蚀扩大，从而转换成溶蚀缝，且被沥青部分充填）

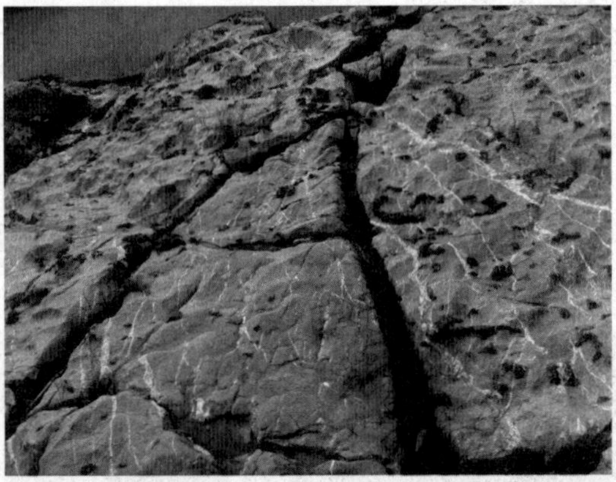

图1-12　长兴组顶部灰岩发育大型的“X”形节理及附近的小型微裂缝(方解石充填)

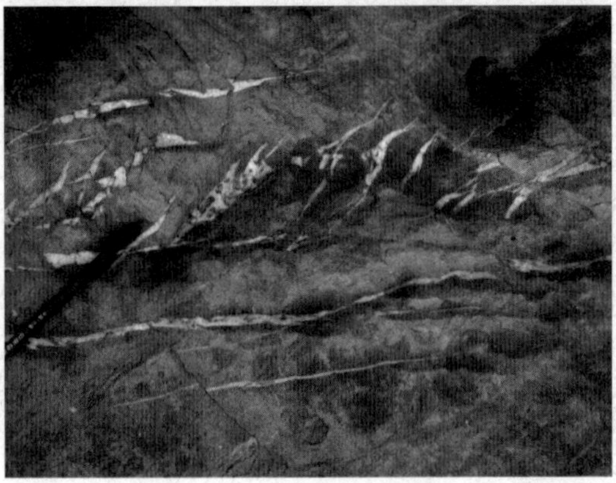

图1-13　长兴组灰岩中发育“S”形火炬状节理(方解石充填)

图1-14　yb221井长兴组粉晶生屑灰岩，发育晚期水平缝和高角度缝并见溶蚀扩大(图中箭头位置)

2)涪陵地区长兴组

2004年以来中国石化勘探分公司在川东北元坝地区的长兴组—飞仙关组礁滩相储层勘探接连取得重大发现后，重新认识整个四川盆地长兴组—飞仙关组相带展布，认为涪陵区块存在高能相带发育的地质背景，并于2009年在涪陵区块部署了二维地震1132.73km、三维地震347.4km^2。由此涪陵研究区勘探转入岩性地层勘探阶段。同时在研究区内钻探了xl1井，该井在飞仙关组和长兴组钻遇大套礁滩相储层，共获得120.42m油气显示，在长兴组常规测试，获得天然气产量为51.7×104m^3/d，证实了该区发育大型台地边缘礁滩相带。

川东南地区的长兴组—飞仙关组为开阔台地—台地边缘陆棚沉积。开阔台地的储层裂缝不发育，而且基质具有低孔低渗特征，以差储层为主。根据区域沉积特征和地震资料的研究，涪陵地区的东北部在长兴组—飞仙关组沉积时期发育台缘礁滩相带，其边缘礁及缓坡上点礁大量发育生物礁(滩)相储层。如feng18井长兴组钻厚351.5m，储层位于长兴组上部，储层顶距飞三—飞一底约为64.3m，储层纵向上分四段，总厚度约为59.6m。该井长兴组储层厚度占地层总厚度的19.4%，生物礁储集岩主要为白云岩类，包括残余骨架云岩、黏结云岩、晶粒云岩、角砾状云岩和颗粒云岩，储层孔隙度约为4%~14%，裂缝也较发育，储集性能良好。xl1井在上二叠统长兴组钻遇礁滩相储层，测井解释储层为26层共计167.4m，储层岩性主要为针孔白云岩、溶孔白云岩、溶孔灰岩，溶孔发育且分布均匀，局部出现较大溶洞，储层岩心实测孔隙度约为4.5%~6.9%之间。

由于川东南地区遭受多期不同方向构造应力的叠加作用，所以形成了大量不同方向的逆断层，主要表现为晚印支—燕山期的北东向和喜山期的北西向两组挤压逆断层叠合(章崇光，2000年)。这些断裂是高陡构造带油气垂向运移的主要通道。在构造活动过程中诱发一系列微裂缝，为烃源岩的油气排出构成良好的运移通道。在fs1井和xl3井长兴组的深灰色泥晶灰岩中发育大量微裂缝，以高角度亮晶方解石充填为主，少数为半充填。

针对该区长兴组礁滩储层的研究，现将该区内相关的钻井资料描述如下：

(1)xl1井。礁滩储层主要发育在长兴组的上旋回高位体系域中，储层测井解释累计厚度约为134.2m，其中白云岩储层累计厚度约为76.38m，灰岩储层累计厚度约为57.76m。储集层的主要岩石类型为溶孔残余生屑云岩、粉—细晶云岩、含膏白云岩、生屑灰岩、粉—微晶云灰岩、粉—微晶灰岩、粉—微晶云灰岩。长兴组储层岩心孔隙度介于4.26%~9.22%，平均值为5.71%，测井孔隙度介于1.4%~9.6%，平均值为5.19%；岩心渗透率介于0.0114~1438.6624×$10^{-3}$$\mu m^2$，测井渗

透率介于0.001～2.202×10^{-3}μm^2，孔喉组合以中孔细喉为主，中值喉道半径为0.029～0.1505μm，平均0.0676μm，储集岩类型主要为溶洞+孔隙型储层(图1-15)，裂缝也比较发育，测井解释为含气层。对井段进行了常规射孔测试，获得天然气产量为51.7×$10^4$$m^3$/d。

图1-15　xl1井长兴组礁滩储层中发育的溶孔

(2)yun18井。该井的长兴组顶部(4673.2～4674.9m)发育一套斜坡相深灰色灰岩，厚度约为1.7m，经检测含气并具有H_2S气味，综合解释为气层，储集岩类型为裂缝+孔隙型储层。

(3)bx1井。在长兴组下旋回海侵体系域的上部和高位体系域的顶部分别发育有2套开阔台地相裂缝型灰岩储层，厚度分别为1.7m和2m，储集岩类型为裂缝型储层。

(4)feng18井。储层主要发育溶孔云岩，其次是疏松的细—粉晶灰岩，自上而下储层的厚度和孔隙度减小、含水饱和度增加，气层特征明显，并且岩心反映出裂缝相当发育，储集岩类型为裂缝+孔隙型储层。

由上述钻井资料可以看出，涪陵研究区西部台地相的bx1井和北部斜坡相yun18井储层为一套致密碳酸盐岩夹泥质灰岩，局部井段有少量微细缝，储集类型以裂缝型储集层为主；东部靠近向斜翼部的feng18井沉积相为台地边缘礁滩和礁后潮坪沉积环境，储集岩为生物礁灰岩、砂屑云岩、溶孔云岩、鲕粒灰岩和云质灰岩，局部井段微细裂缝较为发育，储集类型为裂缝型—孔隙型储集层；bx1井与yun18井之间的部位应该是台地边缘礁滩和礁后潮坪发育区域，有利于在该区域找到良好的油气储层。

1.2　相关地球物理技术简介

礁滩型储层由于包含了裂缝与孔洞两大类型的储集空间，并且这些空间被流

体(油、气、水)所充填时，往往表现出与岩体不一样的物理特性，可以被相关的地球物理技术所探测。由于孔洞中的充填物的不同物理性质(油、气、水及岩石)，所以也可以被 AVO、叠前弹性波阻抗反演、吸收衰减等技术所检测；裂缝及大型断裂则可由多种相关的成熟的地球物理技术所探测，如相干、曲率、P 波各向异性检测技术等。所以，现今的地球物理技术可以大规模用于礁滩型储层的预测，当然相关技术的精确度、准确度等各有差异。

现阶段礁滩型储层预测大多数情况下主要使用基于叠前或叠后地震资料及其相关的地球物理技术、评价流程(图 1-16)来进行，当然还有其它的技术手段，如地球化学勘探方法、构造物理模拟、地质分析法等。其中，地震勘探尤其是三维地震、井中地震(如 3D-VSP 技术)、四维地震技术及多波多分量等技术有助于准确认识复杂构造、储层非均质性和裂缝、溶孔发育带，三维地震资料解释技术能优化井位和井轨迹设计，以提高探井(或开发井)成功率。所以，利用地震勘探技术进行礁滩型储层预测在各大油田中应用相对广泛，并取得相当多的成功例子。有鉴于此，现分别对相关的地球物理技术进行描述：

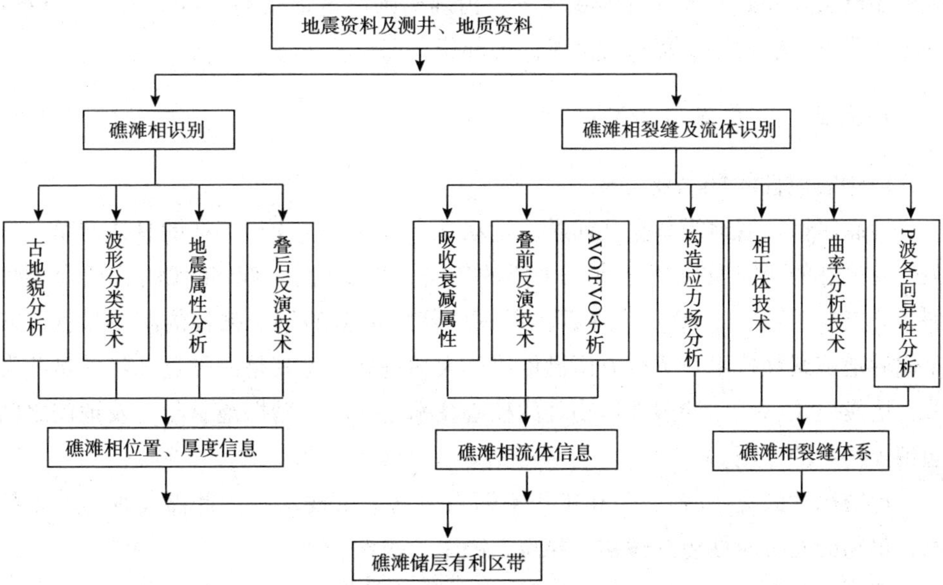

图 1-16 礁滩相地球物理勘探评价路线图

1.2.1 古地貌分析技术

古地貌研究在 20 世纪 50 年代起步，我国在 70 年代才开始在油气勘探中开展古地貌研究，开展的主要工作有古地貌恢复、古地貌单元的划分及古地貌对储层的控制作用。古地貌分析是含油气盆地分析的重要手段之一，是构造变形、差异压实、沉积充填及风化剥蚀等作用综合的结果。其中构造运动影响最大，一次构造运动可以致使盆地整体面貌发生变化。古地貌分析的关键是研究控制古水流体系、古物源方向、沉积体系类型及其展布的古隆起、古坡折带、古沟谷、古断层和古洼陷等影响沉积物搬运、堆积的古地貌单元(邓宏文等，2001；张建林等，2002；徐长贵等，2006；加东辉等，2007)。古地貌恢复的精度因沉积记录资料的不同而存在一定的差异。到目前为止，虽然古地貌恢复方法很多，但大多数方法还是以定性或半定量为主，主要有残余厚度法、印模法、层序地层学法、沉积学法、地球物理方法等。

古地貌分析技术可以划分出礁滩相、前缘斜坡及台地相等沉积相的分布位置，明确礁滩储层预测的有利区带的位置信息。古地貌分析技术是礁滩储层预测中必不可少的一项关键技术，如层拉平可以看出礁滩的分布位置(反射同相轴在礁体中中断)。实践操作中可以根据研究区的勘探概况，选取研究区的标准层，应用印模法开展研究区的古地貌恢复，精确刻画出古地貌高、古地貌低等状况。一般情况下，礁相部位都是古地貌高的部位。

1.2.2 地震属性分析技术

1)地震属性的概念及发展

地震属性是对地震数据几何学、运动学、动力学或统计特征的具体测量。有关地震属性的研究及应用已有几十年的历史，从20世纪60年代的直接烃类检测、亮点技术到70、80年代在石油勘探中使用最多的基于振幅的瞬时属性，90年代后地震属性技术在不少方面已取得巨大的进展，尤其是经过近几年的迅速发展，地震属性已成为油藏地球物理的核心技术之一，在勘探地震与开发地震之间起到了桥梁的作用。

地震属性的诞生归功于60年代末期数字化记录技术及由此而发现的亮点技术，最初的地震属性包括振幅、相位、频率、极性。

多属性分析技术出现于80年代中期，目的是为了同时分析多种属性。多维属性(如倾角、方位、相干)则出现于80年代末至90年代初，这一进展导致了90年代的三维连续性地震属性技术的发展。

1977年地震地层学的诞生(AAPG memoir26)对地震属性技术具有十分重要的影响：①地震地层学能从根本上赋予地震属性以科学的涵义；②促使通过地震属

性技术进行地震相的识别。70年代后期到80年代，地震地层学解释迅速发展并得到广泛应用。根据不整合面来划分地震相，分析地震反射特征，确定地震相类型并做岩相转换，这是地震地层学分析的基本方法。分析中使用三瞬剖面处理技术，一个复地震道，可以表示为实部和虚部，实部是地震道，虚部是地震道的希尔伯特变换。复地震道的模量称为瞬时振幅，复地震道的幅角称为瞬时相位，而瞬时频率则是复地震道幅角对时间的导数。这是三个基本瞬时属性，并由此可以导出其他许多相关的属性。这类地震属性在过去的30年间使用很广泛。瞬时振幅和瞬时频率用于岩性解释，瞬时相位用于检测地层的接触关系。

地震属性在应用过程中也存在一些问题，最典型的是不少地震属性的物理意义明确，但地质涵义却是模糊的。影响地震属性应用的因素是多方面的，例如：多数属性与地质资料之间无法建立直接的关系；在属性的提取过程中，有用的信息与无用的信息混合在一起而难以区分，从而影响到属性作用的发挥。Barnes认为对地震属性的定义应出于地质方面的意义，而不是从数学的角度。这也反映了研究地震属性的真正目的是要解决油气田勘探开发过程中所遇到的地质问题。

总之，地震属性技术已从单道瞬时同相轴属性发展到多道分时窗地震同相轴属性，并生成地震属性体提取属性的方法。除了传统的频谱、自相关函数、复数道分析及线性预测等方法外，分形、小波变换等方法也被用于地震属性的提取，其应用也从简单的检测振幅异常发展到流体前缘随时间变化的监测，从而丰富了地球物理技术在现代石油工业中的应用价值。如今地震属性技术在构造解释、储层表征、地震相分析、油藏流体、岩石物性、储量计算、甚至储层裂缝、油藏监测等方面均有广泛的应用，并且不乏成功实例。

2)地震属性的类型

随着对地震属性研究的不断深入，可供选择的属性种类也越来越多，这一结果也必然导致地质学家在选择合适的地震属性时产生疑惑。最根本的原因是，作为地球物理学家通常将地震属性、数据体或图件作为最终的研究成果，如何使用这些属性似乎就应该是地质学家的工作了。而使用这些属性信息的地质学家们往往又缺乏对属性与地下岩石物性异常之间关系的深入理解，以及对由地震处理造成的属性增加或破坏作用缺乏正确的评估。这种属性的提取与应用之间的脱节正成为目前限制地震属性在油气勘探开发工作中发挥更大作用的一个十分关键的因素。

Chen(1997)等详细论述了涉及同相轴属性和属性体中的瞬时地震属性的表述及适用对象。根据地震波动力学特性将地震属性分成八大类：振幅、波形、频率、衰减、相位、相关、能量、比率，并依据不同的储层特征进行了地震属性归类：亮点与暗点、不整合圈闭断块、含油气异常、薄储层、地层不连续性、灰岩储层与碎屑岩储层之间的差异、构造不连续性、岩性尖灭等。这一研究对于面对不同的油藏地质条件和研究目的，合理地选择最有效的地震属性具有重要指导意义。

由于地震属性近年来呈激增的趋势，对属性的分类也有不同的观点。毫无疑问，过分复杂或细致的划分与众多的属性类别一样会让人难以适从，诸如能量可以归入振幅类，相关可以归入波形类等，这些属性从根本上可以归为四类：时间、振幅、频率、衰减，这也是地震数据的基础信息。

时间属性通常可以提供有关构造方面的信息，振幅属性能够提供与地层及储层有关的信息。频率属性相对比较复杂，目前理解不一，但它更可能与储层特征有关，如含油气性、储层厚度等。有关衰减方面的属性目前使用较少，它有可能在指示渗透率方面有所作用，另外也可以反映裂缝型储层的某些特征。

我们所使用的绝大多数地震属性是从常规的叠加和偏移二维数据体中提取的。事实上有些信息，如与方位有关的信息，会在处理的过程中受到削弱，因而有时亦应重视叠前数据的地震属性研究与应用，AVO 分析就是典型的例子。Rietveld 等(1999)通过比较叠前、叠后地震相干性和振幅的变化发现，三维叠前时间或深度偏移成像能够大大增强地震属性的保真度，使得地质现象(如断层、河道、古岩溶、礁体)边界的成像更为清晰。

1.2.3 地震反演技术

自从石油勘探行业诞生以来，地球物理学家就一直致力于求解反演问题。在地球物理勘探中，解释人员总是基于地面观测数据如地震记录或势场记录来推断地下特性。他们事先在头脑中形成一个粗糙的反映地面记录形成过程的模型，解释时通过这个粗糙的模型根据实际观测到的地面记录重构地下特性。按现代的说法，这种根据观测数据推断地下特性的工作就是求解所谓的“反演问题”。相反，“正演问题”就是在给定地下特征和特定的物理定律成立的前提下确定所能记录到的数据。直到 20 世纪 60 年代初地球物理反演才真正在地球物理学家的头脑中扎下了根。从那时开始，人们就尝试开展定量的和通用的地球物理反演，所采取的方法是一方面求助于理论的扩展，另一方面借助于计算机的能力将这些理论付诸于实际应用。应该指出，理论和计算机算法无论如何不可能替代最终裁决人——地球物理解释人员来决定最终反演结果是否有意义。

按照上述很广义的反演问题定义，在处理中心应用的那些熟悉的算法都可以看作地球物理数据的转换程序。例如，地震偏移就是试图根据地震记录重建实际的地下地层形态(Gardner，1985)。地层反射系数的反演可以通过预测反褶积衰减多次波反射来实现(Peacock 和 Treitel，1969)，或通过地层脉冲响应中的一次波和多次波的模拟来实现(Lines 和 Treitel，1984)。振幅随偏移距的变化(AVO)(Castagna 和 Backus，1993)处理包括地面振幅测量结果的岩性反演等等。反演能处理不同类型的地球物理数据。由此，人们能够将不同的地球物理数据集(诸如地震、势场和井中数据)与同一个地层模型同步地或顺序地进行拟合(如 Lines 等，1988)。其他反演的例子很多，不胜枚举。在每一种情况下，都是假定物理定律是成立的。例如，在地震反演中这个定律就是波动方程或是其某种近似。这样，基于物理定律的算法就使我们能够将观测到的数据转换成地下特征，这些特征都曾在其特定的位置上对观测结果产生过影响。

1)常规反演方法

大量地震数据的处理都是以一维水平层状介质模型为基础的，即基于局部地质情况可以用一叠水平均匀平行地层(各层具有特定的密度、速度和厚度)来近似表达的前提。这种简单的地质模型允许人们用 Dix 公式根据观测到的地震反射时间和已知的震源、接收器位置来估算层速度。换句话说，就是通过确定(根据观测到的旅行时)层速度用 Dix 公式求解地球物理反问题。Dix 方法一直被广泛应用至今的事实说明了简单一维地下模型的能力和通用性。

水平层状介质模型还形成了我们所熟悉的共中心点(CMP)叠加方法的基础，在 CMP 叠加中，对同一炮检中点的一些地震道进行正常时差校正求和，产生一个逼近一维层状介质垂直入射平面波响应的求和道。本着这种数据处理方法，形成了一种由介质反射系数(即地下垂直入射反射系数序列)与震源子波褶积给出的地震道模型，这在勘探地球物理界广为流行且获得了极大的成功。在这种情况下，一维反演方法的目标就是从 CMP 道中恢复反射系数的估计值，以及地层厚度和各个界面上的阻抗差。

层状介质垂直入射反射系数的估计几乎都是以 Goupillaud 模型(Goupillaud，1961)为基础的。这种模型包括一个所有地层都具有相等双程旅行时的分层体系。后来，Kunetz(1964)用 Goupillaud 模型提出了一种反演方法，根据层状介质脉冲合成地震记录产生了反射系数估计值，但是这种方法在实践中被证明是相当不稳定的。在当前的实践中，反射系数估计值是用更复杂的反演算法获得的。首先，人们对野外叠加地震道进行去混响处理，以衰减多次波的反射能量，然后进行信号反褶积，以获得垂直入射反射系数。在这个过程达到卓有成效的程度后，由Lindseth(1972，1979)、Lavergne 和 Willm(1977)提出的阻抗估计技术接着流行起来，变成了常规地震道反演方法。Lindseth 将这个方法命名为“Seislog(拟测井)”，因为它能由观测到的 CMP 道产生连续的速度测井估计值。Oldenburg 等(1983)曾对“块状”或参数型拟测井做过介绍。实际上，对于许多应用地球物理学家来说，拟测井方法与地震反演是同义的。但事实并非如此，因为实际地震数据是有限带宽的和含有噪声的，而拟测井往往打破了这些限制。

2)新型反演方法

过去几十年中，反演理论在全球地球物理界获得了广泛成功的应用。但勘探地球物理领域对这些新技术的接受和应用还是不如人愿的。除地震偏移方法外，地球物理工作者还要讨论地震旅行时反演(通常称为地震旅行时层析成像)和地震全波形反演等新方法。在旅行时反演中，人们对一组观测(拾取)旅行时与由一合适的正演模拟算法获得的旅行时进行迭代拟合，直到两者之间的一致性达到满意的程度为止。用于这种旅行时计算的正演模拟算法主要是 2D 或 3D 射线追踪方法。目前这些算法有声波和弹性波两种形式，它们也能用来处理地震的各向异性问题。业已发现，旅行时层析成像在井间地震测量中能发挥重要的作用，如果在井间对某些给定的地层进行重复测量，就能动态监测两口或多口井间的透射速度层析图像，从而显示连井平面上介质速度的详细变化。这些层析图像是所谓“时延”或 4D 储层监测的一个重要组成部分。旅行时反射层析成像还与地震偏移方法广泛地结合运用，以获得地震偏移速度的迭代估计结果。

全波形反演显而易见是旅行时反演的推广。这种反演不是将观测的拾取旅行时与计算旅行时相拟合，而是将全波形合成地震图像与全波形记录数据相拟合，无需进行旅行时反演情况下冗长的单个同相轴拾取。对于实际问题，全波形反演的运算量即使对现代计算机而言也显得过分庞大，这项激动人心的技术还得在勘探地球物理领域寻找日常的用途。Gouveia 和 Scales(1997，1998)最近的研究清楚地表明，运算方面的障碍一经克服，全波形反演将会达到令人满意的结果。然而，将给定模型响应与数据的噪声分量相拟合是具有多解性的，这是全波形反演所面临的困难之一。尽管这对所有的反演方案都是一个问题，但对全波形反演尤为严重。

至此，反演的含义就是用一个正演模型(选择来模拟生成记录的特定物理过程)对各个地球物理数据集进行转换。如此，重力模拟算法可能生成一个与一组实测重力读数相匹配的合成重力场，地震波传播模拟器同样可以生成一套与一组地震野外数据道相匹配的合成地震记录等。很显然，反演就是对地球物理数据集进行转换，以获得额外的地下信息。问题是对多种地球物理数据的转换是联合进行好还是顺序进行好。在前一种情况下，地震数据和重力数据被同步拟合到其相对应的数据集；在后一种情况下，将从初始地震反演计算得到的构造信息作为确定重力场的构造模拟的输入，依此类推。在联合反演情况下一个重大的不可解问题是要给予各个数据集以相对的权数，目前尚无实现这一目标的客观方法。因此，这种权数选择必然带有很大的主观随意性。Lines 等(1988)曾对这个问题进行过较为详细的讨论，并对两种方法进行了举例说明。

3)未来的反演方法

前面阐明了现在地球物理处理技术中大多数都可以看成是解普遍存在的反演问题的尝试。随着地球物理处理技术的不断发展，反演方法在理论和运算方面的问题将显得更为重要。在当今勘探工业界，迭代地球物理反演尚未得到广泛使用，其原因是计算资源很少能满足这一要求。就像 3D 叠前深度偏移今天终于成为经济可行的方法一样，上述新的反演算法走向繁荣的日子也为期不远了，它们将使地球物理学家不仅能够将观察结果转换成地下的构造形态，而且能够更详细地了解地下的物理、化学和地质特征。这些新技术获得广泛应用之日也就是地球物理反演理论在矿产和石油勘探中大放光彩之时。

从使用的地震资料来分，地震反演可分为叠前反演(基于旅行时的层析成像技术和基于振幅的 AVO 分析技术)和叠后反演(基于旅行时的构造反演和基于振幅的波阻抗反演)；从利用的地震信息来分，地震反演可分为旅行时反演和振幅反演；从反演的地质结果来分，地震反演可分为构造反演、波阻抗反演和多参数岩性(地震属性)反演；从实现方法上来分，地震反演可分为递推反演、基于模型的反演和地震属性反演。

地震反演方法基本上分成两大类，一类是建立在较精确的波动理论基础上，即波动方程反演。这类方法主要在理论上进行探讨，尚未达到实用阶段。另一类是以地震褶积模型为基础的反演方法，目前流行的都属于这一类。具体地说，它又分成两类：一类是由反射系数推算的直接反演法，如拟测井、道积分等；另一类是以正演模型(褶积模型)为基础的间接(迭代)反演法，如无井资料的广义线性反演和有井资料的宽带约束反演、基于模型地震反演等。

1.2.4 裂缝预测技术

运用地震波在裂缝介质中传播理论，分析目的层系的地震波运动学、动力学响应特征的变化，可以预测储层裂缝发育带的空间方位及分布密度，这已成为裂缝型储层横向预测的一项重要内容。根据地震波传播特性的不同，地震储层裂缝发育带预测有纵波方法（如叠后地震资料预测、叠前地震资料预测）、横波方法（如地震转换波预测、地震多波多分量资料预测）之分。

用地震方法进行裂缝检测的方法研究，先后经历了横波勘探、多波多分量勘探和纵波裂缝检测等几个发展阶段，形成了诸如横波地震勘探检测裂缝、转换横波探测裂缝、VSP（垂直地震剖面）法识别裂缝等技术。近几年来，在用纵波地震资料进行裂缝勘探方面取得了长足的进步，并开始由以前的定性描述向利用纵波资料定量计算裂缝发育的方位和密度方向发展。目前储层裂缝地震预测技术包括：①基于地震构造解释和沉积分析的裂缝预测；②叠后地震属性裂缝预测；③叠前地震属性裂缝预测；④方位地震P波属性裂缝预测；⑤多波多分量地震属性裂缝预测；⑥地震与测井综合裂缝预测；⑦构造正反演裂缝预测；⑧构造应力场模拟裂缝预测；⑨地震波分形分析裂缝预测。

1）基于地震构造解释和沉积分析的裂缝预测

这是一种基于成因分析的预测方法，它可将裂缝预测转化为构造研究、沉积相分析、岩石物性分析、储层厚度预测等，从而间接预测裂缝发育规律。

该方法根据钻井、录井、测井等资料识别出目标岩层段，通过目标岩层段顶、底界面地震层位的标定和拾取，得到构造图和厚度分布图；利用地震属性分析或地震波形聚类等技术进行地震相分析和沉积相分析。沉积相就是沉积环境及在该环境中形成的沉积岩（物）特征的综合，地质上划分沉积相是根据沉积物的物理、生物和化学等特征。根据地震相干分析划分地震相，主要根据地震子波波形的变化，将该区目的层的地震波形进行相干分类，再与已知钻井资料进行对比，然后赋予地震属性分类图以合理的地质意义。

2）叠后地震属性裂缝预测

从地震数据中派生的多种多样的地震属性（Chopra，2005），便于地质构造、地层、岩石/流体特性等解释。例如能量、同相轴、频率（优势频率、平均频率、平均平方频率）、最大谱振幅、超过优势频率的谱面积、吸收品质因子、频率斜坡下降、频率滤波、瞬时振幅、瞬时相位、瞬时频率、振幅一阶导数、振幅二阶导数、余弦相位、包络加权相位、包络加权频率、相位加速度、薄层指示、带宽、Q因子、缩放比例、相干性（相似性）、谱分解（FFT、CWT）、三维滤波（低通、拉普拉斯、Prewitt、速度滤波器）、曲率、振幅梯度等。储层中裂缝的存在造成了多种地震属性的变化，测量这些地震属性的变化可以进行裂缝预测。常用的叠后地震属性裂缝预测方法包括：①相干分析法；②方差分析法；③边缘检测分析法；④传统地震属性分析法；⑤沿层构造属性分析法；⑥地震曲率分析法；⑦分频数据分析法；⑧吸收系数分析法；⑨层间地震信息差异分析法；⑩地震预测压力分析法。

3）叠前地震属性裂缝预测

叠前地震属性是在叠前地震道集（或角道集）数据的基础上，经过地震反演（包括 AVO 反演、叠前弹性波阻抗反演）处理得到的有关地震波的运动学、动力学和统计学特征以及几何特征信息。叠前地震属性包括：纵波速度、横波速度、纵横波速度比、密度、振幅随炮检距（或入射角）变化量、纵波阻抗、横波阻抗、弹性波阻抗、截距、梯度、烃类指示因子、流体因子、泥质百分含量、孔隙率、泊松比、拉梅系数、体积模量、剪切模量以及一些复合参数等。地层中裂缝的存在会造成一些叠前地震属性的变化，利用这些对裂缝敏感的叠前地震属性可以预测出地层中的储层裂缝发育带及其含油气性。常用的叠前地震属性裂缝预测方法有：①AVO 分析法；②AVA 分析法；③FVO 分析法。

4）方位地震 P 波属性裂缝预测

方位地震 P 波属性裂缝预测又称为纵波方位各向异性裂缝检测。如果岩石介质中的各向异性是由一组定向垂直的裂缝引起的，根据地震波的传播理论，当 P 波在各向异性介质中平行或垂直裂缝方向传播时具有不同的旅行速度，从而导致 P 波地震属性随方位角的变化，分析这些方位地震属性的变化（如振幅随方位角变化、振幅随炮检距和方位角变化、速度随方位角变化、传播时间随方位角变化、频率随方位角变化、波阻抗随方位角变化等），可以预测针对中、小型规模的裂缝发育带的分布以及裂缝（特别是垂直缝或高角度缝）发育的走向与密度，较基于常规叠后地震资料的裂缝检测精度更高，其检测结果与裂缝发育带的微观特征有更加密切的关系。目前方位地震 P 波属性裂缝预测方法主要有：①AVO/AVA 分析法；②VVA 分析法；③IPVA 分析法；④FVA 分析法；⑤AVAZ（方位 AVO）分析法。

5）多波多分量地震属性裂缝预测

横波在穿过裂缝性各向异性介质时，通常会分裂为 2 个波：一个平行于裂缝方向，速度较快，称为快波（S_1）；另一个速度较慢，垂直于裂缝方向，称为慢波（S_2），这就是所谓的横波双折射现象。快慢波的方向反映了裂缝的走向，快慢波的时差反映了裂缝的密度，时差越大，则密度越大。在时间域，由于快慢波传播速度的差异，在水平分量上可以记录到快慢波时间差。常用的多波多分量地震属性裂缝预测方法有：①快慢波旅行时差预测法；②快慢波的振幅差异预测法。横波对各向异性的响应比纵波敏感，所以横波资料更有利于预测裂缝参数。

6）地震与测井综合裂缝预测

由于地震资料具有空间上数据点多、分布均匀的特点，利用地震方法进行裂缝预测，可以在区域上了解裂缝发育的空间分布，但由于各种地震属性对裂缝响应均存在一定的多解性，因此预测精度受到限制，不能精细地描述出裂缝发育情况。而测井曲线在纵向上有很高的分辨率，可分辨出0.5m左右的层段，而且往往对裂缝发育段有较明显的响应特点，其中常用的测井识别评价裂缝的方法有：微电阻率成像测井（FMI）、微电阻率扫描测井（FMS）、声波成像测井（UBI）、纵横波裂缝声波识别测井（DTCS）、电磁波裂缝识别测井（EPT）、微电导异常识别测井（SHDT）、倾角测井资料裂缝识别（DCA）等。这些方法和设备能测量出储层裂缝的倾角、走向、宽度、长度、视孔隙度，以及裂缝的充填与开启程度，甚至能识别出微裂缝及亚微观裂缝。但是由于井点分布和密度的影响，对于裂缝在空间的分布的预测受到了限制。因此，近年来强调充分利用测井资料和地震资料的各自优势，利用测井曲线上识别出裂缝发育的位置进而结合地震数据来达到在剖面上和区域上更好预测裂缝发育带的目的。目前在地震与测井综合裂缝预测中使用的方法有：①泥岩裂缝储层特征参数提取和储层特征反演法；②BP神经网络法；③基于GA－BP理论的储层视裂缝密度地震非线性反演法。

7）构造正反演裂缝预测

构造裂缝与大地构造运动以及岩石变形过程密切相关，从分析简单褶皱的力学模式入手，通过对地层的构造发育历史进行反演和正演来计算每期构造运动对地层产生的应变量，从而计算可能的裂缝发育带，在国内外许多地区的实际应用中取得了很好的效果。近些年发展了一系列先进的运动学和非运动学构造恢复方法，使之能应用于逆冲褶皱带、扩张带，并能解决反转、盐丘和走滑等复杂构造。该项技术之构造恢复和正演采用较先进的算法，能够适用于逆冲褶皱带、扩张构造带，并能解决反转构造和走滑构造的恢复。

8）构造应力场模拟裂缝预测

地壳岩体的变形和裂缝系统的形成常常受到构造运动及其作用强度的影响，裂隙的产生同构造应力场分布密切相关。构造应力场数值模拟技术是数学力学手段的一种模拟方法，利用这种模拟技术，可以计算研究区内主应力和剪切应力的分布，从而预测出研究区内裂隙发育带的宏观平面分布。

9)地震波分形分析裂缝预测

裂缝是在应力作用下岩石未发生明显位移的破裂。自然界分布最为广泛的是构造裂缝，其走向、分布和形态都受局部构造应力作用方式所控制。断层与裂缝都是地应力作用的结果，是地层受力的反映。前人研究表明，天然裂缝系统是一个分形体系。该方法借助地震分辨断裂的分布特征，再根据其自相似性(因为断裂和裂缝往往存在伴生关系并且具有一定的空间分布范围)，预测地震分辨率以内的断层和裂缝分布。把分形分维技术引入到利用地震资料预测裂缝中，这是裂缝预测方法上的一种尝试。通过分形分维反映裂缝与断层的内在联系，对裂缝分布规律可做半定量的预测，将它与对裂缝地震波特征异常的分析相结合，应用效果更好。

在常规的油气勘探中，地震勘探往往要考虑很多因素，如经济性、构造解释、储层预测等需要。一些裂缝预测方法如多波多分量方法在油气勘探中不太适用，主要是其经济上投入巨大，费效比高，造成不能有效地推广；相比较纵波资料的取得相对经济、便宜，并且可以快速应用到构造解释、反演等各个方面。所以，现在较为常用的是使用叠前或叠后地震纵波资料实施裂缝预测，并由此催生出一大批与之配套的商业化的裂缝预测技术。在实际裂缝预测中主要使用现阶段成熟的裂缝预测技术来进行礁滩相碳酸盐岩及页岩、致密砂岩储层段的裂缝预测，这些裂缝预测技术大多数被广泛的应用到各个油气田的储层裂缝预测中，并取得相对较好的预测效果。

1.2.5 油气检测技术

现今的油气检测主要是使用地震资料来进行，基本上利用地震的振幅、频率、相位等属性及其随方位角、偏移距的变化信息来实施检测。常用的油气检测技术方法及分类见图1-17，现分述如下。

1)叠后油气检测

如何在地震资料中直接进行油气识别一直是石油工作者奋斗的方向，20世纪70年代出现的“亮点”技术，很大程度上提高了利用地震资料进行烃类检测的能力，随着“亮点”技术在实际油气勘探工作中的广泛应用，其局限性也开始凸显出来，某些特殊的岩性组合也可以在地震剖面上形成强反射，出现假“亮点”，所以，不是所有的“亮点”都是气层或油层所引起的。在应用“亮点”技术进行油气检测时，需要去伪存真、仔细斟酌。70～80年代，相继出现了亮点、平点、暗点、三瞬、拟测井速度、声阻抗曲线、频谱比、振幅比、吸收系数等油气检测技术。90 年代，BPAmoco 公司提出了谱分解技术(分频技术)——基于频率域的一种解释性处理技术，该技术方法主要利用谱分解技术检测储层产生的低频阴影，进而开展油气检测。此外，分频技术也得到了越来越多的地质工作者、地球物理工作者的密切关注，且不断有新的谱分解技术问世。近年来，陆续出现了模糊识别、多元统计、模式识别(包括灰色预测、神经网络等)、分形分维等烃类检测技术。这些叠后烃类检测技术在油气勘探中发挥着举足轻重的作用。

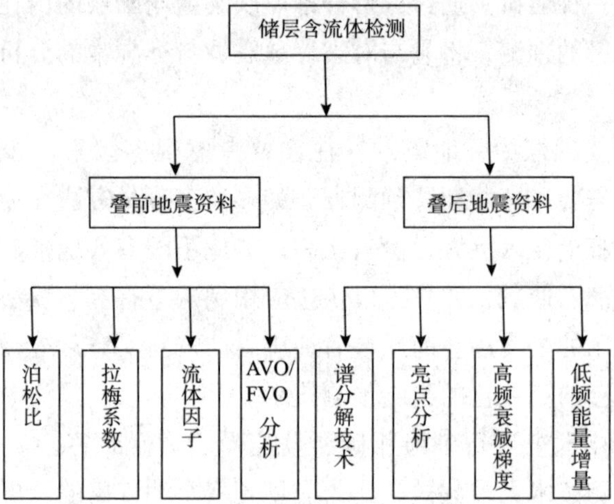

图 1-17　主要油气检测技术及方法分类示意图

2)叠前油气检测

前人在 AVO 技术方面做了很多开创性工作，取得了许多重要的成果。Ostrander 等人(1984)利用共中心点资料，研究反射振幅随炮检距变化的变化情况(AVO 技术)，根据其变化特征找到了油气。AVO 技术的出现激发了人们深入研究 AVO 技术的浓厚兴趣。Shuey(1985)简化了 Zoeppritz 方程的 P 波反射系数，提出了一种抛物线的表达式，这为 AVO 零偏移距的提取与属性分析在实际生产中广泛应用提供了可能。Smith(1987)年提出在气层检测与流体因子估计中使用加权叠加方法。Miles(1989)将 AVO 信息应用于反演泊松比，直接进行岩性和油气解释。20 世纪 90 年代至今，不同学者致力于充分挖掘 AVO 信息的潜力，又从不同方面和角度对 AVO 进行了研究。为利用 AVO 属性进行特殊岩性体识别和油气检测，于 1995 年提出了 AVO 属性交汇图技术，希望减少评价的多解性。此后相继又出现了叠前 AVO 属性、四维 AVO 分析、多波 AVO、AVO 各向异性等多项先进技术，为 AVO 技术广泛应用于地震勘探的各个领域注入新的活力。

地震叠前反演技术是地球物理领域正在兴起的一项新兴技术，该技术在某些国家已经成为油气储层预测和烃类检测中不可缺少的技术。近年来，国内对该技术也越发重视，在方法和理论研究、实际应用中都取得了可喜的成果。Zoeppritz方程是叠前反演理论基础，通过简化该方程，得到了多种简化形式，并应用到油气检测中。针对物性和流体变化敏感的储层，通过叠前反演可以得到许多叠后反演无法得到的参数。Knott 及 Zoeppritz(1919)分别以位和势的形式给出了固体—固体接触界面处的透射和反射公式，即著名的 Knott - Zoeppritz 方程，该方程描述了接触界面两侧透射波与反射波、横波与纵波之间的能量分配关系。而实际地震资料采集的过程中，子波是随炮检距产生变化的，为了解决这个矛盾，Connolly(1999)提出了弹性波阻抗的概念，将波阻抗从零入射角拓展到了任意入射角。Whitcombe(2002)提出了归一化弹性阻抗概念，解决了 Connolly 弹性阻抗量纲随入射角变化的缺点，使得 AI 的量纲与 EI 的一致，便于比较。同时还提出了扩展弹性阻抗公式，将弹性阻抗的定义域进行了扩展，为了弹性阻抗的物理意义更加明确，推导了弹性阻抗与 6 个弹性参数之间的关系，以便于应用。通过广义弹性阻抗数据体的计算很容易获得泊松比、纵横波速度比等重要的弹性参数。

2 礁滩相识别技术

生物礁气藏是一种岩性圈闭性气藏，储集体可能是一个点礁或礁带。生物礁在四川盆地上二叠统长兴组内部造成岩相的横向变化一般会导致长兴组内部地震速度的变化，使其在长兴组内部平行反射结构中出现局部异常反射结构(杂乱、断续、扭曲状等)。从由钻井声波补偿测井曲线转换而来的上二叠统长兴组地层速度曲线上看，虽然礁体层段的速度较之于非礁层段并没有明显整体升高或降低的显示，但礁组合段地层速度大于非礁层段这种特征还是显著的，并且层间反射系数(R)大于0.02的大多出现在礁组合中，少数具有高孔隙的礁滩储层可出现反射系数达到0.1的波阻抗界面。

长兴组生物礁地震反射结构中一个突出特点是构成反射层的礁储层的单层厚度大多小于20m，它们与胶结致密的礁相灰岩呈不规则互层状，并且在横向上多为渐变过渡。这些薄层与邻层的速度差幅大多低于10%，界面反射系数一般低于0.5，在礁气藏中钻遇的这些薄储层的叠加厚度从十余米到百余米不等。因此，随长兴组生物礁发育部位的不同、礁体与围岩关系的不同、礁组合内部薄互层速度结构的不同以及地震反射波的分辨率的差异，使得其干涉、叠加的结果也不同。这些影响综合表现在地震记录上，使长兴组生物礁在地震剖面中造成的局部异常反射结构有各不相同的特征和多种类型。

在多数情况下，生物礁的地震响应表现为地震反射波的振幅强度、相位数、相位极值、相位连续性及频率的改变，同时也可能出现因礁体与围岩间速度差异造成的礁与非礁界面的相邻界面反射形态变化。对这些因礁体的存在而表现出的可能识别的各种地震反射变化进行归纳分类，主要有如下3种：

①丘状上隆加厚型。生物礁地震异常呈丘状，具“丘状地震反射结构”。长兴组顶部(可简称长顶)反射层穿时上隆，长兴组内部反射也可能出现反映上隆的同相轴，长兴组底部反射层可能上凸或下凹，有时也可能影响阳新统底部反射层形态。这种反射特征可能对应礁体造成的同期沉积地貌特征。

②长顶反射变异型。生物礁地震反射主要表现为长顶反射在礁体部位局部中断、反射减弱等，出现长顶反射空白段或极弱段，可出现在丘状上隆加厚型中。长兴组内的反射也可出现上隆形态的同相轴，但穿时现象不明显。这种反射特征可能是礁体造成的沉积地貌的改变，影响了上覆飞仙关组底部沉积，造成局部岩相变化的反映。

③礁内反射变异型。表现为长兴组内与礁体对应部位反射层局部相位混乱、振幅强度突变等，有时可出现局部的振幅反射亮点（或暗点），反射外形可表现为透镜状（眼球状）或各种不规则状。这可能是礁组合内岩层厚度、薄层组合造成的成层性、物性及结构较之周围的非礁地层无序变化的响应。

2.1 基于地震解释及沉积相分析

这是一种基于成因分析的预测方法，它将礁滩型储层预测转化为构造研究、沉积相分析、岩石物性分析、储层厚度预测等，从而间接预测礁滩型储层的发育及分布规律。

该方法根据钻井、录井、测井等资料识别出目标岩层段，通过对目标岩层段顶、底界面地震层位的标定和拾取，得到构造图和厚度分布图，并可进行相关的古地貌分析；另外，也可利用井上目标段的沉积相、地震属性分析或地震波形聚类等技术进行地震相分析和沉积相分析。在上述解释成果的基础上，分析目标岩层段的有利沉积相带和分布范围、分析礁滩型储层发育的有利构造部位等，揭示和预测礁滩型储层分布和发育规律。目标层段一般是指储层段或者油气勘探方面感兴趣的层段。

2.1.1 波形地震相分析

沉积相就是沉积环境及在该环境中形成的沉积岩（物）特征的综合。地质上划分沉积相是根据沉积岩石的物理、生物和化学等特征。根据地震相干分析划分地震相，主要根据地震子波波形的变化，将该区目的层的地震波形进行相干分类，再与已知钻井上的目标段的沉积相资料进行对比，然后赋予地震属性分类图以合理的地质意义。

波形地震相分析技术原理是利用地震道波形特征对某一层间内地震数据道进行逐道对比，细致刻画地震信号的横向变化，从而得到地震异常体平面分布规律。其技术方法是基于神经网络技术，神经网络技术是在地震反射层段内对地震道进行训练，通过多次迭代之后，构造合成地震道，然后与实际地震数据进行对比，再通过自适应试验和误差处理，合成道在每次迭代后被改变，在模型道和实际地震道之间寻找更好的相关性(图2-1)。其特点是在某一目的层段内估算地震信号的可变性，利用神经网络算法对地震道波形进行分类，并把这种分类形成离散的“地震相”，再根据“拟合度”准则对实际地震道进行对比、分类，细致刻画出地震信号的横向变化，得出地震波形分类平面分布图。最后与测井曲线对比，对地震资料做出综合性的地质解释，进行储层预测和含油性判别(图2-2)。

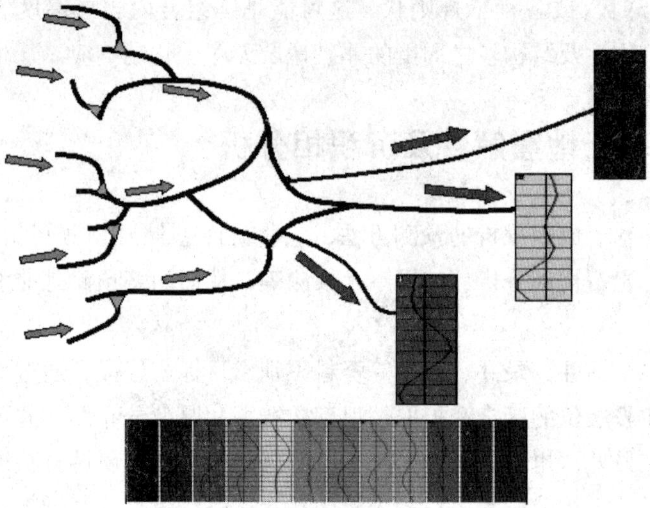

图2-1　神经网络波形分类原理图

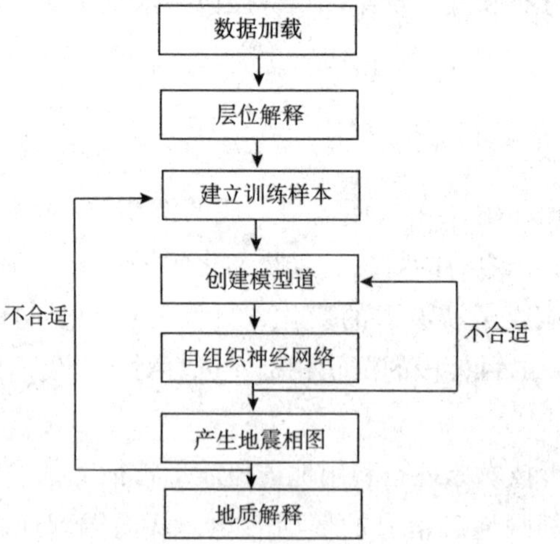

图2-2　神经网络地震波形分类处理流程图

波形地震相分析一般分两步实施：首先，利用神经网络对地震层段间地震道形状进行分析，建立一个最能表征层段内地震道形状差异的模型道序列；其次，在实施层段中对每一地震道与模型道序列进行比较，并按最佳相关建立地震道和模型道之间的联系，得到标明模型相似性的空间分布，即地震相，并为后续地震层间属性分析指明方向。

1）地震相分析实践

在利用现有的商业软件进行地震相分析时，对地震相划分结果起重要作用的参数主要有三个，即选择 Interval 层段的大小、波形分类数和迭代次数。相关的操作原则及实现步骤如下：

（1）Interval 层段时窗选择的原则。

Interval 层段是在以两个层位之间或某个层位加上上、下限时窗范围的地震数据的集合。对于等厚时窗 Interval 层段的选取最好是大于半个相位，并小于 150ms，太大的 Interval 层段会包含太多的模型，给地震相解释带来困难，物理意义也不明确。而对于非等厚时窗的选择，可以选取主要目的层段或顶底界面建立 Interval 层段。

（2）波形分类数的选取原则。

波形分类数是指在整个感兴趣的层段内所遇到的地震道的种类数，较为理想的分类数是不容易定义的，建议至少计算三次去估计该参数，并从中优选最佳参数实施波形分类。

实际操作中粗略且实用的估计方法如下：

①把层段厚度除以 6 作为第一次计算的分类数；

②把上次计算波形分类数的 50% 作为第二次计算的分类数；

③把第一次计算波形分类数的 150% 作为第三次计算的分类数。

正确的波形分类数应取决于所要研究的目标以及对地震数据的了解程度，波形分类数大，结果过于详细；波形分类数小，结果过于粗糙。一般情况下，波形分类数是在 7～20 类之间；波形分类数不能超过层段样点数的一倍，超过 15～20 类，通常是很难管理和解释的。

（3）迭代次数的选取原则。

迭代次数是神经网络方法中的一个重要参数，通常情况下，神经网络大约在 10 次迭代后就收敛到实际结果的 80%，这对于快速浏览、显示等方面很方便有效。在实际应用中 10～20 次迭代已确保较好的分类，但对于最终解释最好选用 25～35 次迭代，以保证网络收敛最佳。

(4)实现步骤。

形成地震相图包括选取目的层、确定时窗、创建模型道、形成相图等环节，具体实施步骤包括：

①确定目标层段，根据储层精细标定结果，对目标层段进行全区追踪对比；

②建立层切片(由地震解释层位变成经过网格化层面)，通过浏览层切片寻找异常体，确定层段范围(选择目的层段时窗的大小)和用于地震相分析的地震参数，如地震反射的外部几何形态、内部反射结构、波形、振幅、频率、连续性等；

③利用神经网络对目的层段间的地震道形状进行分析，建立一个最能表征层段内地震道形状差异的模型道序列；

④在实施层段中对每一地震道与模型道序列进行比较，并按最佳相关建立地震道和模型道之间的联系，得到标明模型相似性的空间分布，即地震相图；

⑤将地震相划分结果投影到剖面上，逐条对比剖面的反射特征，解释出地震相变化的位置及形状，结合钻井地质研究成果转换出沉积相图，找出地质异常体的平面分布特征。

实际操作中在对已钻井进行地震剖面波形分类的基础上，根据井中沉积相特征、礁滩相分布的沉积相特征及地震相响应特征(图2-3)，针对长兴组礁滩目的层段应用波形分类方法研究波形地震相平面分布，旨在最终建立礁滩相的平面展布。

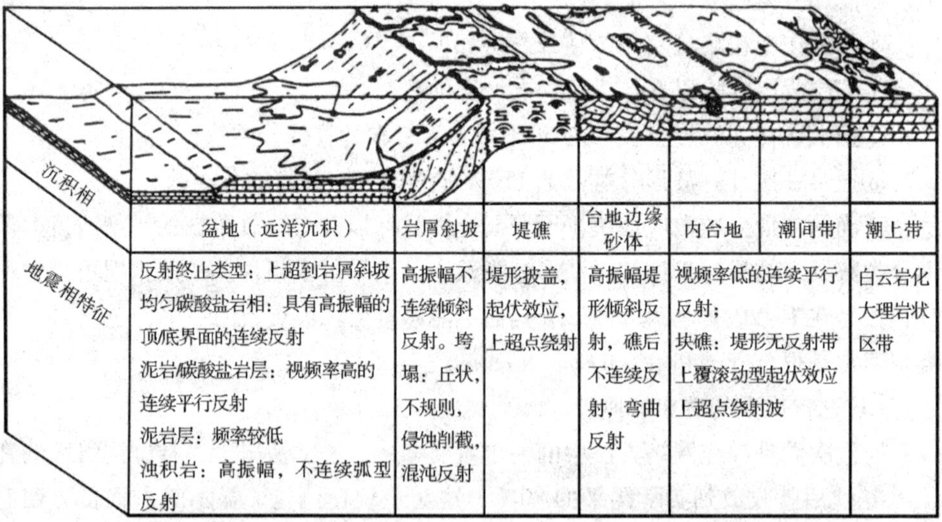

图2-3　礁滩沉积相及其地震相特征(引自 Fontaine et al. 1987)

一般情况下，四川盆地海相礁滩相的主要特征为：①深水盆地相区。地震剖面中的反射特征为长兴组顶部反射呈强振幅，连续性好及呈平行、亚平行反射结构，长兴组内部一般由 2～3 个相位组成，较为连续稳定，顶底双程反射时差较小。②礁滩相区。地震剖面中的反射特征为长兴组顶部突然反射波组中断，长兴组内反射紊乱，顶底双程反射时差增大，“地震反射异常”现象频繁，与深水盆地相呈近距离突变关系。③台地相区。地震反射呈弱反射至无反射，“地震反射异常”现象减少，相位较连续，双程反射时差变化不大，频率较高，与礁滩相区呈渐变过渡关系。

2）涪陵地区长兴组波形分类

利用三维地震数据、飞仙关组二段底及长兴组地层数据实施对长兴组地震反射波形分类，得到相关的地震波形分类结果。图 2-4 为对飞二段底进行层拉平示意图，可见图中的前缘斜坡相、礁滩相及台地相分布相对清晰。地貌整体上向台地方向呈逐渐增高、抬升趋势，礁相的长兴组顶部有隆起现象，内部反射杂乱并与两侧的同相轴不连续；台地相及前缘斜坡相内部的反射呈连续及近平行状，形态清晰。图 2-5 为涪陵地区三维地震工区长兴组内继承性波形分类平面图，图中黑色虚线区域（主要模型道为第 9 类）为礁滩相发育区，短划线外的灰黑色区域（主要模型道为第 1 类、第 7 类）为前缘斜坡相区，灰黑色区域主要为台地相分布区域（主要模型道为第 2 类）。结合古地貌特征，涪陵地区三维地震工区的长兴组储层发育的有利相带位于研究区中部礁滩相带，在北部呈弯月形状分布，在中、南部呈长条带状展布，走向为北西向。如 xl1 井位于灰黑色有利礁滩相带内（模型道为第 9 类），钻井证实为礁滩型储层发育区；yun18 井在长兴组钻遇前缘斜坡相（模型道为第 1 类），导致该井的该层段含气性不佳。

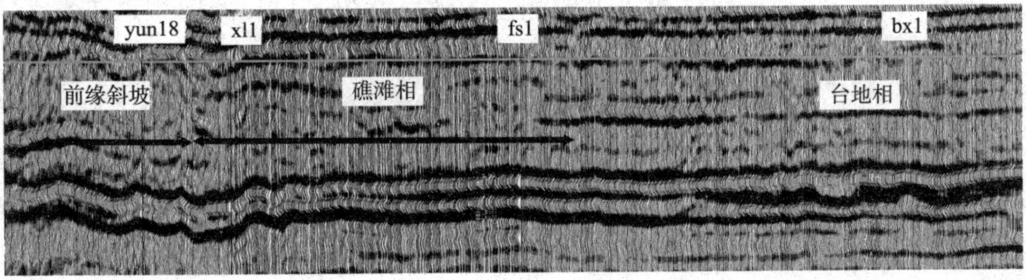

图 2-4　过 yun18、xl1、fs1、bx1 井层拉平的地震剖面图（飞二段底拉平）

3）元坝地区长兴组波形分类

元坝地区波形分类勘探实例主要是针对长兴组礁滩相来进行的，通过对研究

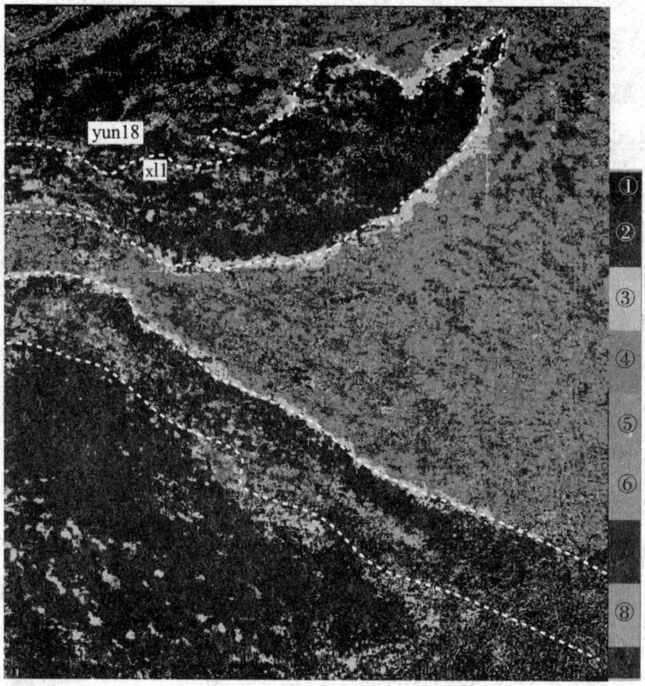

图 2-5　涪陵三维地震研究区内长兴组波形分类平面图

区内的飞一段底的层位解释，并按该层位及向下开 40ms 时窗，将元坝地区长兴组的反射波形划分为 9 个地震分类模型道(图 2-6)，模型道的波长基本上大于半个相位，并进行该区长兴组波形分类得到波形地震相图(图 2-7，图中白色虚线为分类的界线)，通过该区钻井中长兴组段的沉积相资料对该波形地震相图进行解释。从该图来看元坝区块在长兴组内的沉积相主要是台地、礁滩及礁前斜坡相，礁和礁带(Ⅰ类)在地震相图上的颜色为蓝—紫色，包含的模型道主要为图 2-6中的第 6 ~9 类，呈条带状、有规律状分布，在该礁带的转折端一般呈"V"状，礁带在平面上分布的宽度较为一致、连续性好，并推测在滩相中发育一些零星小点礁(见图 2-7 中如白色箭头所指示的不规则状区域)，点礁的模型道主要为图 2-6 中的第 9 类，规模也不是很大，生物礁的地震反射在地震剖面中呈现为杂乱、强振幅的断续反射，礁体的下伏地层常见反射波下拉现象；礁带后(南部)的台地上分布滩相地层(Ⅱ类)，在地震相图上的颜色为暗红、淡蓝、紫色及黄色类，包含的模型道主要为图 2-6 中的第 1 ~6 类，色带分布相对较为杂乱并且没有规律，表明沉积相较容易发生变化并且岩性成分比较复杂，在地震剖面中可见较为杂乱、断续状的强振幅反射；礁前(北部)斜坡相(Ⅲ类)在颜色上也呈规则条带状展布，走向为北西向，块状分布，包含的模型道主要为图 2-6 中的第 1～9 类，与北西向呈垂直状的法线方向（东北向）应为向海方向，在地震剖面中可见前积型的反射结构，反射波形的连续性好。

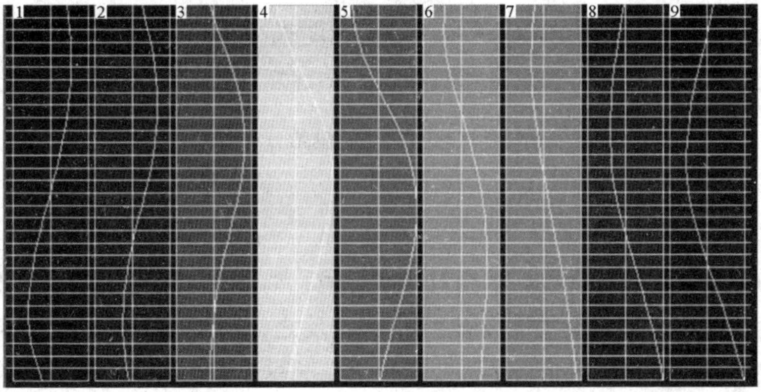

图 2-6　元坝地区长兴组地震相模型道示意图

另外从元坝地区长兴组生物礁分布地震剖面图来看——见图 2-8 中对飞三段底进行层拉平，礁带呈向台地方向退积现象，如图 2-7、图 2-8 中礁带 B→礁带 C→礁带 D 的方向，礁体及礁带（长度）规模也呈越来越小的趋势。图中各礁带上的礁顶与飞三段底部的距离基本相等，这表明在生物礁向台地退积的过程中，早期礁带并没有因为海平面的变化而被“淹死”，而是随海平面上升而垂向生长，并伴有侧向迁移的现象。到二叠纪晚期，发生一次重要的海平面快速下降，造成生物礁带整个“渴死”。礁顶出现白云岩化现象（良好的含气储层），这个时期也是二叠纪生物大规模灭绝时期。

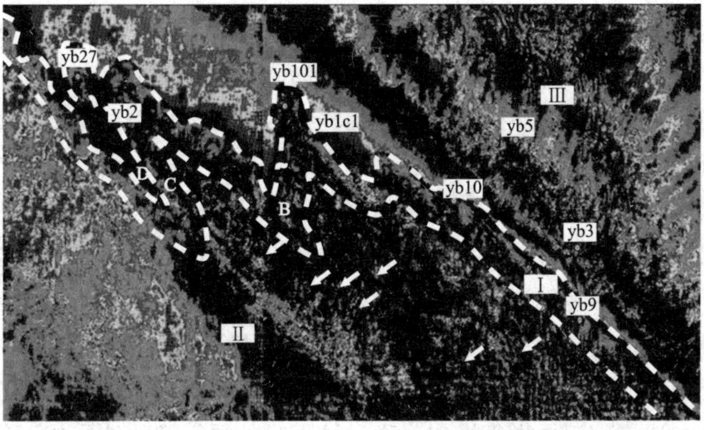

图 2-7　元坝地区长兴组地震相平面分布图

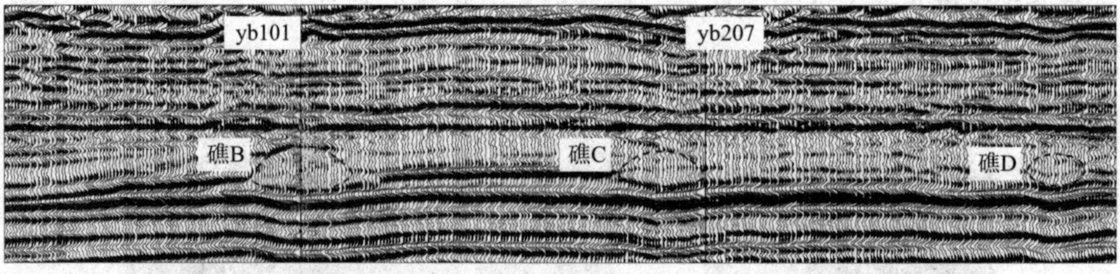

图 2-8　元坝地区长兴组生物礁带分布地震剖面图

2.1.2　古地貌分析技术

生物礁的生长发育需要一个相对浅水环境，如果当相对海平面上升速度超过生物礁生长速度，那么生物礁要被“淹死”，反之，则要被“渴死”。曾鼎乾先生认为长兴期海侵是生物礁形成的先决条件之一，这是因为礁的形成需要合适的水深条件，而礁的快速生长可抵消因海平面上升而增加的可容纳空间，使生物礁生长始终保持在一个合适的水深条件中。如果造成礁的生长速度赶不上海平面上升的速度，生物礁被“淹死”或向浅水区域迁移；如果海平面上升速度和生物礁生长速度一致，生物礁得以持续快速生长；如果海平面上升赶不上生物礁生长的速度，导致生物礁露出水面而“渴死”或向更深水区域迁移。

因此，在生物礁的形成过程中，控制生物礁分布形态及规模的一个最重要因素是古地貌格局和古海平面变化(Br Kuznetsov，1978)。礁的形成条件反过来就制约着礁体的形成，长兴期生物礁的形成过程中，不仅受到以上两个因素的控制作用，同时还受区域性的同沉积构造以及二叠纪末海平面频繁大幅度升降的影响。

古地貌恢复是预测礁滩型储层有利相带的关键技术，该技术也可用于分析其它类型的储层(如岩溶相)形成时的地貌。通过古地貌恢复研究，找出礁滩型储层发育的相带，指导下一步礁滩型储层预测技术研究。目前，恢复古地貌的手段主要有：沉积学分析法、残余厚度法、印模法、层拉平法和地震古地貌法、压实恢复法、构造分析法以及上述几种方法的综合。但是最常用的是：残余厚度法、印模法和层拉平法 3 种方法。残余厚度法是在不整合面之下找一个标志层作为辅助标准层，通过求取地层遭受剥蚀后的残余厚度来恢复古地貌；印模法的原理是利用填平补齐的理论进行制作，在不整合面之上找一个标志层作为辅助标准层，运用不整合面上覆地层厚度与侵蚀面起伏的镜像关系确定古地貌的形态；层拉平法则是主要在地震剖面中进行操作，通过拉平目的层上部的地层或下部的地层来分析古地貌的形态。

古地貌分析的关键在于精细的层位追踪解释和合理的标准层选取。其中，标准层的选取原则如下：

(1)必须是全区范围内均有分布的、等时的、能够代表当时海平面的界面；

(2)标志层与风化壳面愈近愈好，因为标志层越接近风化壳，两者受后期构造活动影响及古地貌相对起伏的变化差异就越小，标志层与风化壳间的地层厚度越能反映风化壳当时的地形起伏；

(3)标志层与风化壳之间不能有另一个不整合面，这样才能确保古地貌是填平补齐或风化剥蚀的结果；

(4)标志层必须是一个强波阻抗或反射界面，并且在全区分布稳定，在地震剖面上容易识别，能够进行横向上的连续对比追踪。

1)涪陵地区长兴组古地貌分析

基于标准层的选取原则，涪陵三维地震工区可以选取的标准层有飞仙关组二段底界($T1f_2$)及飞仙关组四段底界($T1f_4$)，这两个标准层反射同相轴能量较强，全区易于连续对比追踪。但是，如果选用飞四底界作为标准层，距长兴组沉积时间跨度较大，其精度难以满足本区微古地貌控制礁滩型储层有利发育相带的刻画要求。因此，本次研究选用 $T1f_2$ 底界作为标准层，应用印模法恢复涪陵地区长兴组的古地貌。

图 2-9 为采用印模法得出的涪陵三维区内长兴组沉积晚期古地貌图，图中灰白色分布区为该沉积晚期古地貌相对高的区带(隆起状)，在古地貌相对高的区带内，发育长兴组的生物礁相；淡黑色线状、波形起伏的为前缘斜坡相及台地相(地形平缓局部有小凸起)。从图中可见到生物礁带呈区域隆起状态，经钻井资料揭示，这些古地貌高部位均为生物礁体。

2)元坝地区长兴组古地貌分析

元坝地区的长兴组时期的古地理表明形成“转折型”礁带具有良好的地质条件，古地貌分析显示，长兴组早期的古地貌为东北低，西南高，西北低，并具有四级阶地面貌(见图 2-10)。其中 yb101 井与 yb1 井为一级阶地，该阶地的前缘(东北面)为前缘斜坡，如 yb5 井与 yb3 井就位于前缘斜坡处，yb4 井则处在浅水陆棚处。三级地貌为 yb2 井、yb24 井与 yb12 井连井线上，相对来说，比第一级阶地高，一、三级阶之间为二级阶地，该阶地现还没有钻井布设。第四级阶地为 yb22 井处，这四级阶地走向都呈东南—西北向。

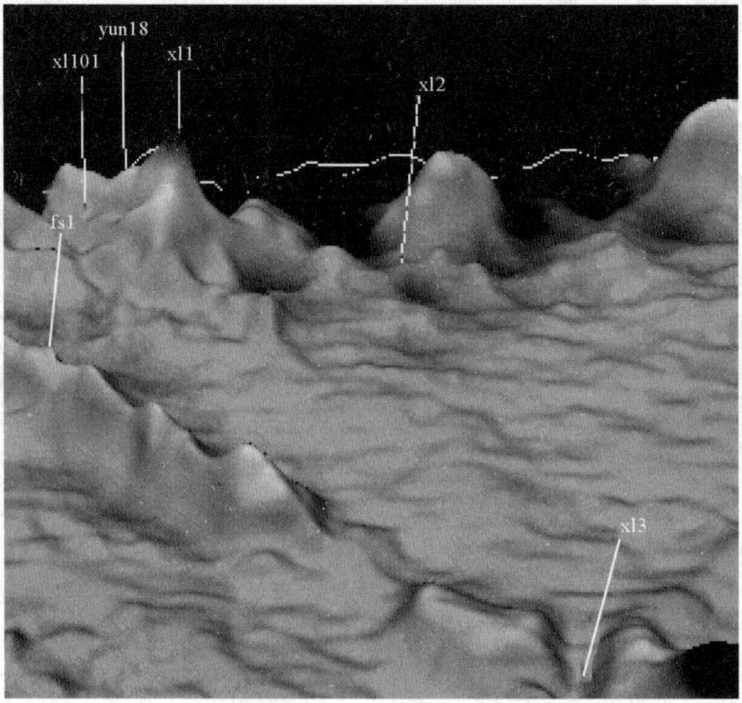

图 2-9　涪陵地区长兴组晚期古地貌示意图

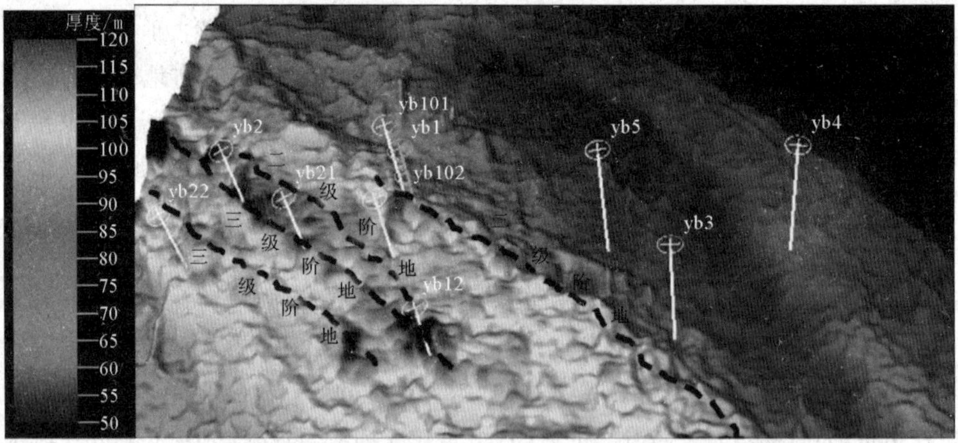

图 2-10　元坝地区二叠纪长兴组早期古地貌三维立体显示

元坝地区长兴组中晚期成礁基本上沿古地貌阶地分布，按区域海平面水位上升依次退积成礁，基本上第一阶地首先成礁(图 2-11 中①、②、③号礁带)，后第二阶地(图 2-11 中④、⑤、⑥号礁带)、第三阶地(图 2-11 中⑦、⑧、⑨号礁带)依次成礁。可见图中第一阶地生物礁(图 2-11 中黑色突起状)比第二、第三阶地的生物礁高，表明随着海水逐渐上侵(海面抬升)，第一阶地的生物礁发育时间最长，依次后推，而第四阶地由于比较靠后，成礁期相对短，则造成该处礁带相对不发育——礁体基本不连片成带。

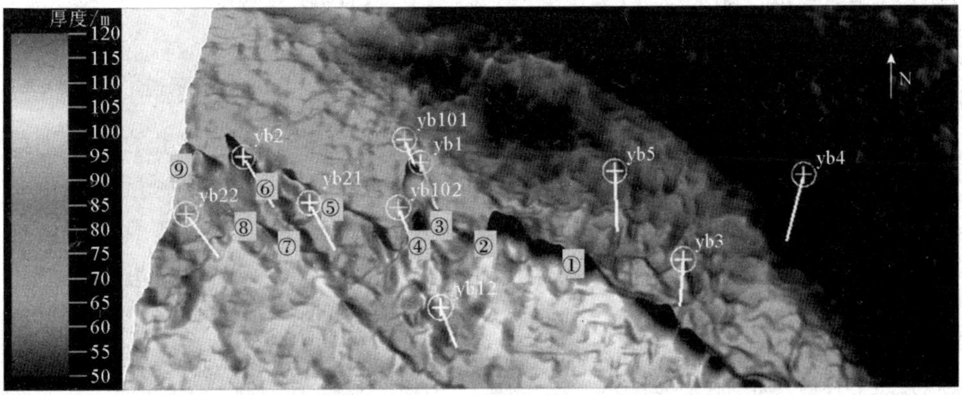

图 2-11　元坝地区二叠纪长兴组晚期古地貌三维立体显示

2.2　地震属性分析法

地震属性是指从叠前和叠后地震数据中提取出来的运动学、动力学和统计学地震特殊测量值，过去的文献常称为地震属性参数，现在已统称为地震属性。地震属性技术是指提取、显示、分析和评价地震属性的技术，在石油地震勘探中包括地震属性的提取、地震属性的分析、利用地震属性区分构造、岩性并进行目的层预测，从而确定有利储层位置。

地层中裂缝、孔洞的存在会造成了地震属性的变化，根据对裂缝及孔洞敏感的地震属性的变化规律可进行礁滩型储层的预测。现阶段的地震属性种类繁多，Brown(1996)把地震属性归纳为时间、振幅、频率、衰减 4 大类共 66 种，Quincy Chen(1997)把地震属性归纳为振幅、波形、频率、衰减、相位、相关、能量、比率 8 个大类共 91 种。从地震属性的实际应用来看，根据不同的研究目标、层系、岩性变化，结合地震属性的地质意义可以划分为：振幅统计类、频(能)谱统计类、相位统计类、复地震道类、层序统计类。可用于识别断裂、缝(洞)的传统地震属性有：振幅统计类(瞬时振幅、振幅总量、相邻峰值振幅之比、均方根振幅、平均振幅、平均绝对振幅、最大峰值振幅、平均峰值振幅、平均谷值振幅、最小谷值振幅)；频(能)谱统计类(瞬时频率、主频、峰值频率、平均能量、能量总体)；相位统计类(瞬时相位、余弦)；复地震道类(平均反射强度、平均瞬时相位、平均瞬时频率、反射强度斜率)；层序统计类(能量半衰时、正负样点比例、波峰数、波谷数)；相关统计类(相干、相似系数、相关峰态、平均信噪比、相关长度、相关分量)。

2.2.1 三瞬属性

地震属性是指由叠前或叠后地震数据，经过数学变换而导出的有关地震波的几何形态、运动学特征、动力学特征和统计学特征的特殊测量值。由于地震信号的特征是由岩石物理特性及其变化引起的，所以，地震数据中必然隐藏着更加丰富的有关岩性、物性及流体成分的信息。这些信息虽然可能受到各种因素影响而发生畸变，甚至是不可恢复的扭曲，但被复杂化的信息确实隐藏于地震数据之中。进行地震属性分析的目的在于拾取隐藏在地震数据中的有关岩相、岩性、物性和流体成分等地质信息，根据已知钻井信息作出标定和地质解释，从而充分发挥地震数据的潜质，为油气田勘探提供精度更高的储层预测和评价成果。

复数道属性是通过将地震道的振幅部分和相位部分分开独立显示计算出来的。通过计算地震道的 Hiblert 变换作为虚部，初始道作为实部。合并后的实数和虚数部分形成地震道的包络面。Hiblert 变换是“通过将输入的地震道实部每个频率分量旋转 90°来追踪一个新的求积分道或虚值道”(Marfurt，2005)。

其中瞬时振幅是在任意给定时间对道能量的测量，在用彩色显示相道突出显示亮点。这些亮点都是薄地层调谐、主要岩性变化和反射率变化的直接反映。瞬时相位是沿相道的即时相位，与道振幅无关。通过突出显示不整合、断层、横向地层变化，以及绘制子波变化和薄地层干涉图，瞬时相位可用于追踪反射体的连续性。实践经验已证明瞬时相位有助于突出显示与上覆烃类相关的低频阴影部分(Robertson 和 Fisher，1988)。瞬时频率属性的定义是通过对主频的估计，求取每个样点的瞬时相位对时间的导数。此属性有助于识别异常的波形衰减和突出的瞬时相位的类似特征。众所周知，油气储层会导致瞬时频率的高频分量下降。瞬时主频定义为最大振幅密度值，可作为对零值点频率的估计(Barnes，1993)。

三瞬属性最早由 Taner(1979)提出，通过复地震道的计算得到。设 $f(t)$ 是原始地震道，$\tilde{f}(t)$ 为 $f(t)$ 的 Hilbert 变换，则称 $g(t) = f(t) + i\tilde{f}(t)$ 为复地震道，$\tilde{f}(t)$ 常被称为正交道属性，三瞬属性的计算公式为：

瞬时振幅：

$$A(t) = \sqrt{f^2(t) + \tilde{f}^2(t)} \tag{2-1}$$

瞬时相位：

$$\phi(t) = \arctan\frac{\tilde{f}(t)}{f(t)} \tag{2-2}$$

瞬时频率：

$$\omega(t) = \frac{\mathrm{d}\phi(t)}{\mathrm{d}t} \tag{2-3}$$

从复地震道及三瞬属性还可以引伸出瞬时振幅加速度、响应相位、响应频率、反射强度交流分量(perigram)及瞬时相位的余弦等属性。其中瞬时振幅属性称为反射强度或地震道包络属性。

1)涪陵地区长兴组

(1)瞬时相位属性。

涪陵地区三维地震工区内长兴组储层属性分析主要应用VVA软件计算来实现，通过建立地层体进行属性的提取及分析。其地层体实质上是从原始地震数据体中提取出来的一个地震子体，并将叠后数据重组为等比例的切片，等比例接触类型可用于地层扁平、不具有主要的构造或沉积不连续的沉积构造中。

根据解释的长兴组底界的层位数据构建等比例地层体，如图2-12。以长兴组底界层位向上80ms到向下5ms为顶底界面，间隔为5ms创建地层体，并提取相关地层的地震属性。研究中主要提取了复数道属性、响应类属性等。

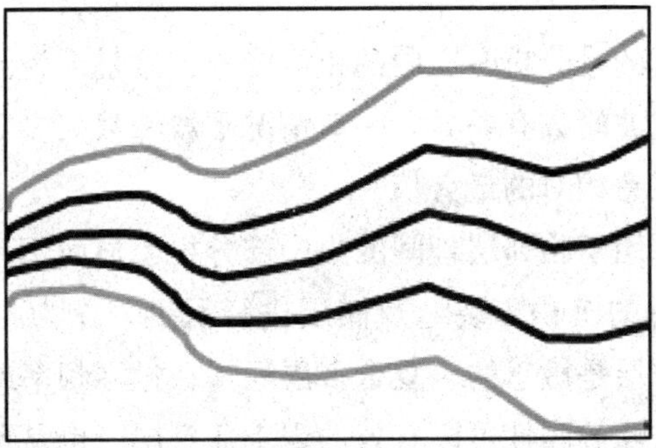

图2-12　地层体等比例接触类型及切片示意图

提取涪陵地区长兴组的瞬时相位属性(图2-13)，属性平面图成果显示礁带的边缘相对清晰，呈曲折线状(图中的灰白色线)。礁带内的相位复杂多变、凌乱，涵盖相位范围相对较大(相位范围为-160°~106°)；斜坡相位于礁带前缘

(研究区北部)，总体上呈块状分布(相位范围为－160°～－40°)；滩相则分布在两条礁带之间，分布“颜色”相对较纯，表现沉积相对稳定的特征(相位范围为－40°～40°)；台地相分布在南部区域，总体上也呈块状分布(相位范围为－110°～－40°)。这些区域也为相关的钻井资料所证实。

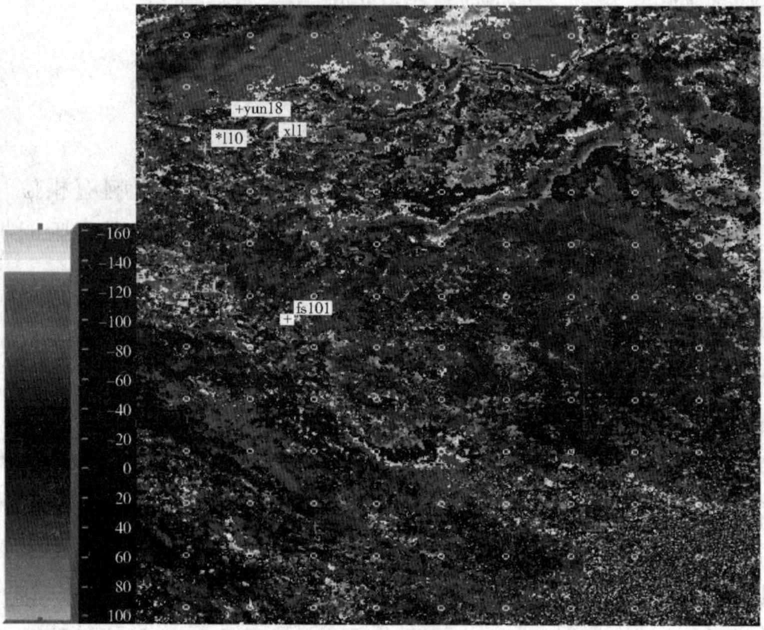

图 2-13　涪陵地区长兴组瞬时相位属性平面图

(2)波峰数属性。

波峰数属性计算的是分析时窗内的正波峰数，这是因为同一层段内沉积的层界面数目不同而造成波峰数有差异。一般情况下波峰数大多数是整数值，因为波峰在这里被认为是任意相对的最大值。

波峰数属性主要用于相邻层理间的集中部分很明显而不是其他方面，能从反射波峰数目上对相关的沉积、裂缝及储层进行识别。作为相对最简单的频率属性，波峰数属性对分层是敏感的，复合多层通常在过零频率或平均瞬时频率中是发现不了的。利用波峰数属性可以有效的识别薄互层，也是预测砂岩厚度的常用属性。礁滩储层勘探实践过程中发现在礁滩体上的反射结构组成与非礁滩层段的反射结构有差异，具体为多个波峰相位(礁滩体)与单一或无明显波峰反射(非礁滩体)的关系。所以，可以通过波峰数的计算来达到识别优质礁滩储层的平面分布的目的。

对涪陵地区长兴组的波峰类属性进行提取发现(图2-14)，礁带上的波峰数相对较高(大于4.3，图中的灰黑色区域)，表现出礁体内部的薄互层相对较多；滩相上的波峰数次之(约为3.1～4.3，图中的灰白色区域)，表明滩相上的薄互层相对次之；斜坡相及台地相则波峰数最少(小于3.1，图中的灰色区域)，表明这些区域的沉积相对较纯，岩石的薄互层数目相对最少。

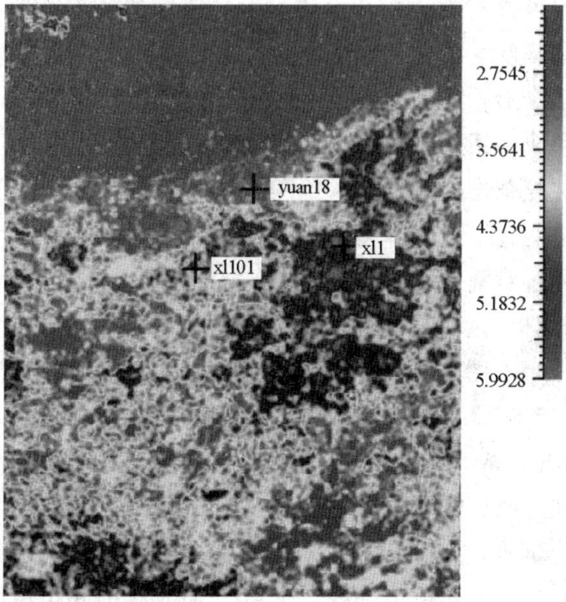

图2-14 涪陵地区长兴组波峰数属性平面图

2)元坝地区长兴组

频谱成像在理论上主要是依据薄层反射的调谐原理。对于厚度小于1/4波长的薄层而言，在时间域，随着薄层厚度的增加，地震反射振幅逐渐增加。当薄层厚度增加至1/4波长的调谐厚度时，反射振幅达到最大值。然后，随着薄层厚度的增加反射振幅逐渐减小。时间域的最大反射振幅值，对应着频率域的最大振幅能量值。由薄层调谐引起的振幅谱的干涉特征取决于薄层的声学特征及其厚度。频谱成像处理在产生单一频率的一系列振幅能量体的同时，还可产生单一频率的一系列相位数据体。通过相位在空间的变化指示了薄层的声学特征及其厚度的横向不连续。将振幅能量的调谐干涉现象和相位的变化综合在一起，能为解释人员提供一种迅速而有效地利用3-D地震资料描述岩石的岩性及厚度在空间变化的工具。频谱成像技术的应用改变了过去以地震子波主频定义的调谐厚度的概念。因为分频技术允许在任意频率下分析地震反射的变化，就没有以地震子波主频定义的单一调谐厚度的概念。勘探家可以用给定储层的调谐频率为解决问题的出发点，而不是给定地震资料的调谐厚度。

分频技术提供了利用三维地震资料的多尺度信息对储层进行高分辨率成像，并刻划储层时间厚度变化的工具。该技术可应用于描述沉积相和沉积环境，如检测河道砂体和成像侵蚀充填砂体的空间分布、礁滩体的特征等。

频谱成像技术可以有效地描述地质反射层厚度的非连续性和岩性的非均质性。因为真正的地震反射很少是以简单的大块的易辨认的反射体为主的。此外，真正的地质边界很少沿着完全可分辨的地震反射的波峰和波谷分布。采用该技术可将地震信息分解成一系列单一频率的能量谱，利用能量谱和相位谱便可确定反射薄层，并确定在复杂岩层内薄层厚度的变化，使解释人员迅速而有效地基于薄层干涉确定不连续的地下地质体。

实际处理中通过对叠后地震数据体进行分频处理，得到一系列的频率的振幅能量体及相位数据体。通过层位数据沿层提取30Hz的振幅能量体及相位数据体的属性切片(图2-15、图2-16)，得到关于元坝地区长兴组礁滩体体系的平面分布情况。从图2-15来看，礁带上的瞬时振幅属性值在90~690，平面属性图上的礁带清晰、可靠(边界呈白色线状)，与钻井资料情况相吻合；滩相则分布在礁带之后，斑块状分布，瞬时振幅属性值大于690。从图2-16来看，相位属性上的礁体边界更为清晰(黑色或白色线状)，这点与涪陵长兴组礁带的相位属性成果较为一致。礁带上的相位值一般大于40，而滩相的相位值则小于40，两者边界相对清楚并能区别开来。

2.2.2 振幅反射特征

一般情况下，也常常使用地震剖面上的反射振幅信息来进行储层预测。如所谓“亮点”指的是地震相对保持振幅剖面上，振幅相对很强的一些“点”，即很强的反射，也称“热点”，通常这些亮点应该位于研究区的储层段才能有效。亮点可能是由油气藏引起的，也可能源于其他因素。根据地震剖面储层段上有无亮点及亮点的分布，分析亮点附近反射波的特征，结合各种地层参数信息，可以直接判断地下是否有油气存在。亮点一般在含油气目的层、侵入岩、膏盐层的地震剖面上显示突出，当然应用亮点技术来识别油气层具有多解性。

亮点勘探技术对处理技术有很高的要求，做好地震数据的保真处理是利用亮点勘探技术来寻找油气藏的先决条件，但是，做好地震数据的保真处理是一件很难的事情。不同的处理流程，不同的处理参数，不同的处理人员，不同的时间处理的地震数据的地震波振幅都可能不一样，甚至存在较大的差别，这也说明利用地震波的反射振幅来预测烃类存在比较严重的多解性。

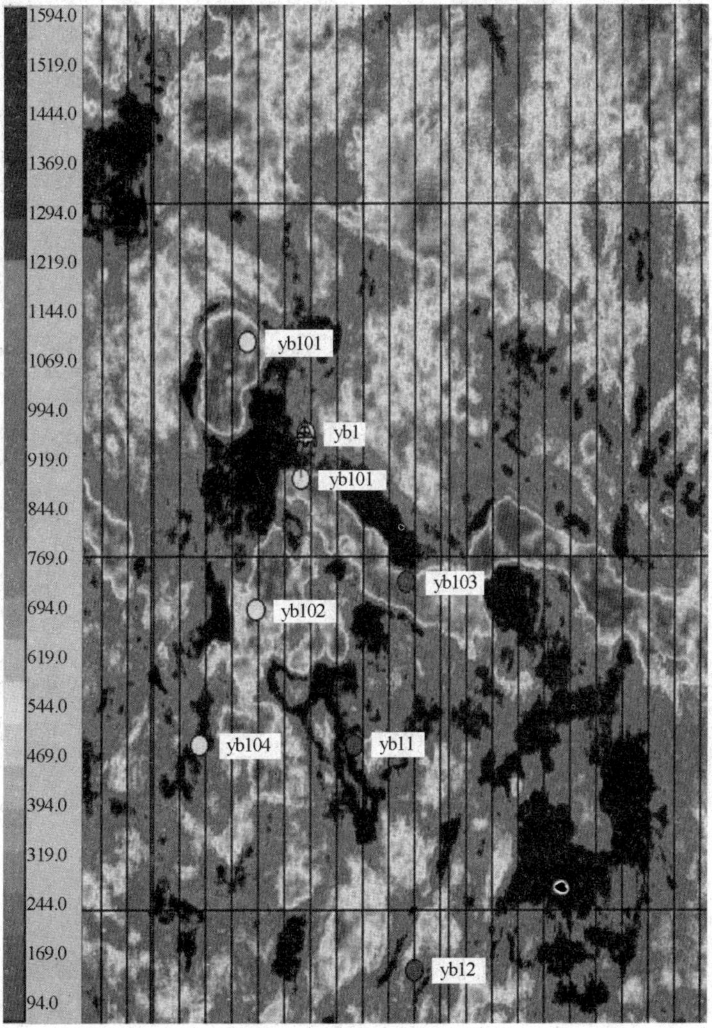

图 2-15　元坝地区长兴组 30Hz 瞬时振幅属性平面图

经过大量的勘探实践发现，在地震勘探技术发展的现阶段，地震剖面上较多见油气显示地震信息有 8 种，现分述如下：

(1)亮点与亮点剖面特征(低速)。

①相比两侧同一反射波同相轴，储层段的强反射振幅特征突出，形成“粗、黑”的强振幅剖面特征——直观、表面特征，如普光地区的飞仙关组及长兴组礁

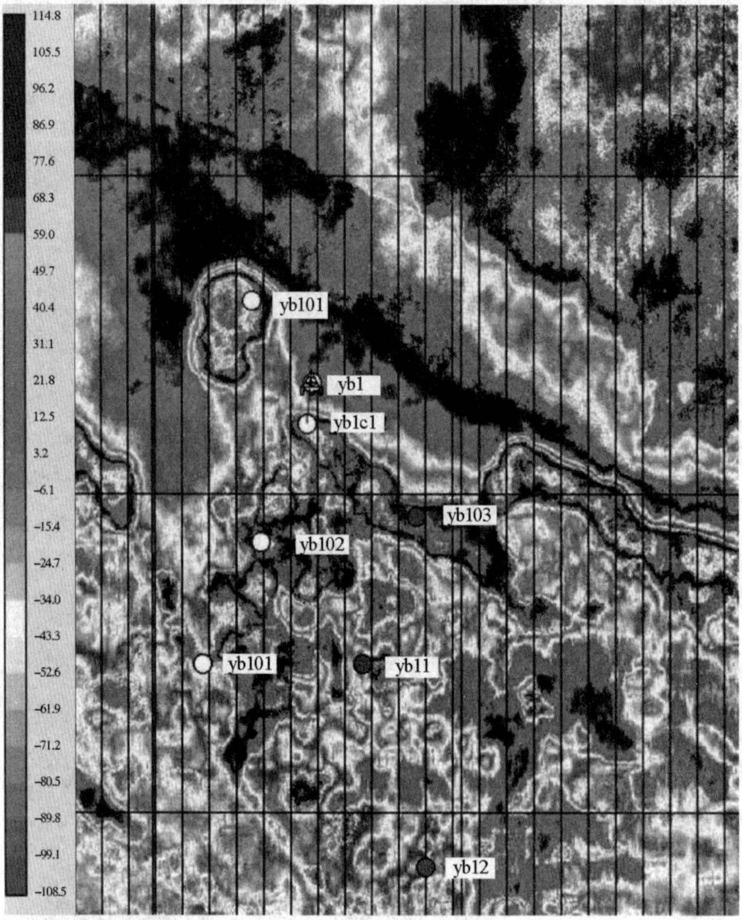

图 2-16　元坝地区长兴组 30Hz 相位属性平面图

滩相储层所表现出来的亮点反射特征；

②在理论上，整个含油气储集层段的地震反射波同相轴组合特征成“透镜”或“眼睛”状，由于地震波传播过程影响条件的复杂性，一般情况下该类特征不突出，甚至很难看到，尤其在四川盆地陆相砂岩储集层厚度较小的条件下，“透镜”状地震反射波同相轴组合特征更难看到；

③在理论上，亮点出现在油气储集层的底界面上；

④在聚集了油气的储集层顶界面上，有时会出现类似“亮点”的强反射，这种强反射同亮点的根本差别是：只有当储集层与盖层的波阻抗差值大于正常状态下（储集层未聚油气）的波阻抗差值时才出现，但相位差 180°，这类强反射两端出现了相位转换（极性反转）。在聚集了天然气的储集层顶界面上多出现这种反

射特征，在任何情况下，在聚集了油气的储集层底界面上都不可能出现这种特征；

⑤火山岩层的顶界面都具有亮点反射波，但“亮点”位置及其伴随特征与油气储层相反。

(2)暗点与暗点剖面特征。

①暗点永远出现在储集层的顶界面反射中，它与储集层的底界面亮点反射轴组成“透镜”或“眼睛”状波组外形；

②相比“暗点”两侧同一反射波同相轴，储层反射的弱振幅特征极其突出，在两侧强反射波同相轴间，由渐变到见不到同相轴状态；

③在任何情况下，在聚集了油气的储集层底界面上都不可能出现这种特征，与火山岩正好相反。

(3)“平点”与平点剖面特征。

①流体的存在状态决定了平点永远具有水平产状的特点(在一些情况下也出现倾斜的平点是由于流动的地层水作用)；

②依理论推理，在平点的中心部位应出现“下凹”的同相轴下弯现象，原因是这里的油气充满高度最大(速度降低，时间增大)；

③在平点反射波同相轴与油气层顶面反射波相交处，将发生振幅增大或减小等波的“干涉”现象，干涉点在响应流体的分界线(面)与储集层的顶界面交点处，也是储集层的顶界面反射中“暗点”或“相位转移”出现的地方，如四川盆地某勘探区内的须二段砂岩含气储层的地震反射具有平点+亮点特征；

④在任何情况下，平点是亮点。

(4)油气储集层的的低频反射波特征。

储集层的孔隙度和储集层中的石油、天然气等流体都具有吸收地震波高频成分的能力，高频成分被吸收的数量与储集层的孔隙度、石油、天然气等流体及其充满程度成正比关系，但在一般地震剖面上不多见，因为在多种因素制约下，正常聚集条件和油气的一般聚集程度造成的地震波频率下降幅度远达不到现有正常剖面上显示出来的(50Hz 分辨率)，只有当储集层聚集条件相当好(孔隙发育)聚集流体充满程度相当高、吸收地震波高频相当强的条件下，低频特征才有可能显现出来。

(5)极性反转特征。

油气藏顶界面反射强度由“暗点”变为“亮点”的条件下，在油藏外边界部位出现的一种地震负反射特征。

(6)聚集油气的储集层部位地震同相轴的形变特征。

这是油气层在特定条件下的地震反射波同相轴特征：在油气藏(储集层)厚度不大，且单独存在时；油气藏的油气柱很大时；在储集层特定的地质条件下，聚集的油气对它的物性改变程度不高或极高时等等。在其特定的部位地震反射波发生了相应的形态变化：使油气藏底界面反射波同相轴“曲率”变小，甚至形成“负背斜”；在其翼部发生“台阶式”转折等。在地震剖面上常见的特征是：

①倾角变化特征：油气藏底界面反射波同相轴的倾角从某点开始向上倾方向变小，甚至变成“水平”产状。反射波同相轴的这种变化，反映了储集层的倾角不大、油气的充满程度不高或油气层厚度不大等条件，是聚集的油气对储集层速度影响而形成的各种相应地震信息相互叠合的表现。

②负背斜特征：它是聚集油气使储集层倾角发生变化达“极点”之后，进一步发生变化的一种表现形式，是一种特例。多见于储集层厚度较厚、聚集油或气的厚度也较大、储集参数也极好的油气藏，在地震剖面上的反射波特征是：在背斜构造的储集层底界面发生同相轴的大幅“下凹”现象，甚至为“杂乱”反射。

③同相轴的“喇叭口”组合剖面特征：这是含油气储集层反射波同相轴产状发生变化后，与上覆(或下伏)不含油气地层的地震反射波同相轴的剖面组合特征(实际是储集层含油气之后的产状变化)，在储集层的上覆部位，“喇叭口”的开口方向指向油气藏的主体部位。

储集层储集条件变好、储集油气等造成的储集层产状变化，实质上是两种极端的反映：其一是储集层厚度不大，油气对储集层物性的影响程度不高；其二是油气柱高度很大、油气对储集层物性的影响程度极高。前者出现油气藏的反射倾角变小，后者出现油气藏底界面的“负背斜”。

(7)特征地震剖面上的地震油气显示。

聚集特征变好的储集层、聚集了油气的储集层都应有相伴随的地震信息的产生或变化。理论推导认为，这种信息的强度与储集层聚集参数变好的程度，与储集层聚集的流体的性质和充满程度有关，且互成正比例关系。然而，在地震剖面上，并不是在所有油气藏范围内都能见到相应的地震信息，能见到的部分也随油气藏不同而出现油气显示信息数量、性质的差异。究其原因，除了这类地震信息的强度之外，多方面的地震地质因素的干扰是主要的。为了获得这种状态下的地震油气显示信息，对地震资料应进行消除干扰、突出地震油气显示信息的特殊处理，以期获得反映油气特征的诸如速度、振幅、频率、亮点、暗点、平点等信息。在这类特征剖面上，相应地震信息的特征可被明显地展现出来，从而提高研究成果的精度。

(8)储集层聚集质量变好部位与聚集了油气部位地震信息比较。

储集层的聚集条件在横向上变好和储集层聚集了油气，对它们之中传播的地震波影响是相同的(形式和变化方向)，它们都要使相应部位的地震波速度下降，形成由此伴生的各种地震信息，但其影响程度的差异也是客观存在的，由此产生了在地震剖面上的差异。

在连续的储集层中，聚集参数的横向变化主要形成于储集层沉积时期沉积条件的横向变化和后期成岩作用的横向差异。储集层聚集条件的这种变化历程证实：它的聚集参数的横向变化是渐变的，基本上不存在突变的界线。在这种变化形式的作用下，相应的地震信息特征在横向上并不明显。

储集层中聚集了油气对储集层物性的影响后果特别明显：①油气等流体永远聚集在储集层的顶部，并有明显的流体底界面；②不同流体之间的分界线明显。流体对储集层物性影响具有突变性，共存于同一储集层中不同性质流体对储集层物性影响的“顺序”明显、界限清晰。这种影响的“突变性”使随之产生的地震信息特征突出，与未聚集油气储集层的相应变化形成明显对照。储集层聚集物性在横向上的变化、储集层内部充填油气对储集层物性影响方向相同，伴生地震信息性质相同，但影响程度有差异，储集层内部充填油气对储集层物性影响(地震油气显示)较大。

在实际的油气勘探中，可以根据叠加剖面上的反射振幅来判断储层含流体情况。具体为根据野外实际施工采用的炮点—检波点布置情况，直接利用Zoeppritz方程的Shuey近似公式计算反射系数，即对不同深度计算道集各种炮检距道的反射系数后按叠加次数求和平均，得到道集平均反射系数，即水层或油层、气层的实际反射系数，还可以计算油/水、气/水、气/油等界面的反射系数，然后可以分别用泥页岩/含水灰岩界面和泥灰岩/含水灰岩界面的反射系数作为正常值，对其他界面反射系数进行归一化处理，从而作出油、气、水层反射相对振幅随深度变化的曲线图板(图2-17、图2-18)。利用图板上提供的反射信息，在实际地震剖面上寻找与油气层相关的振幅异常。从图2-17、图2-18可见：某勘探区含油气层的振幅特征是随埋深条件不同而变化的。①在盖层为泥质岩的情况下，碳酸盐岩储层含气将出现“暗点”，而含油时，振幅变化不大，仍在正常振幅区；②在盖层为云膏岩的情况下，碳酸盐岩储层含气将出现“亮点”，而含油时只在3490m以下显示“亮点”；③显示“平点”特征相对较困难。

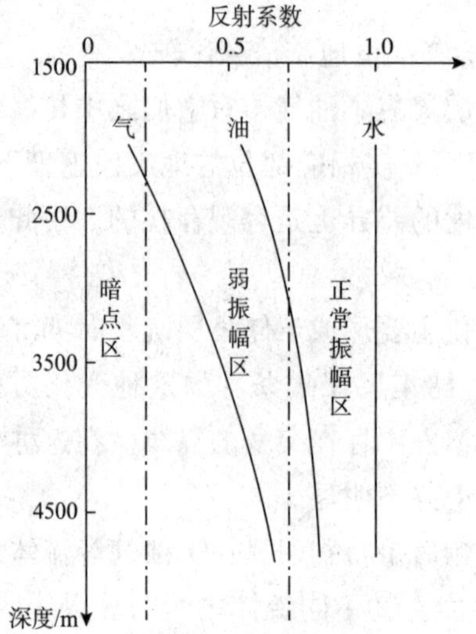

图 2-17　某勘探区当盖层为泥质岩时油、气、水反射相对振幅示意图

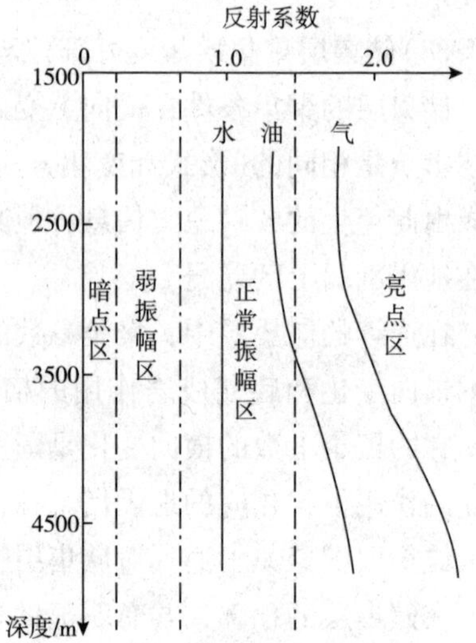

图 2-18　某勘探区当盖层为云膏岩时油、气、水反射相对振幅示意图

1)涪陵地区礁滩储层反射特征

对涪陵地区长兴组的礁滩模型进行相关参数设计并正演分析显示(图 2-19、图 2-20)，生物礁体与礁外的反射具有差异性。礁顶(或称礁盖)上出现强振幅反射(亮点)特征，礁内反射呈断续状、上凸状，波峰及波谷数增多；礁间的滩相反射呈与底板反射近似平行状，该反射到礁体上出现中断的情况。从图 2-21 来看，xl1 井钻遇优质的礁相储层，在礁顶(礁盖)的储层段出现亮点反射(图中白色短线状)，经对该段进行测试它获得高产的工业气流。

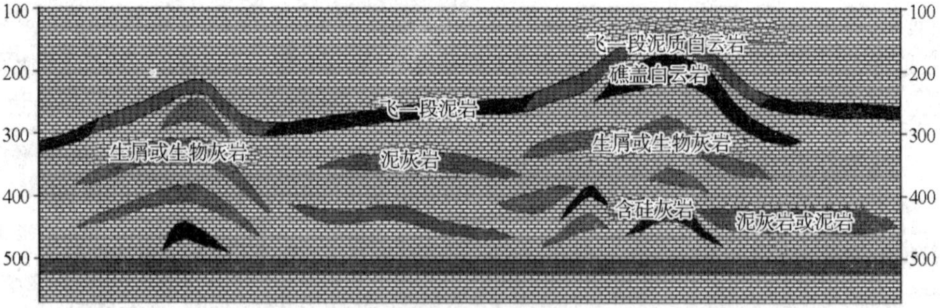

图 2-19　涪陵地区长兴组礁滩相地层正演参数设计示意图

2)元坝地区礁滩储层反射特征

生物礁是一种特殊的碳酸盐岩沉积体，它的沉积建造和分布与沉积环境密切相关。由于经历了特殊的沉积作用和成岩过程，生物礁具有独特的古地貌及岩石学特

征，与一般的碳酸盐岩建造有明显区别。因此，生物礁独特的古地貌、结构、构造和岩石学特征决定了来自生物礁的反射波振幅、频率、连续性等与围岩有些不同。

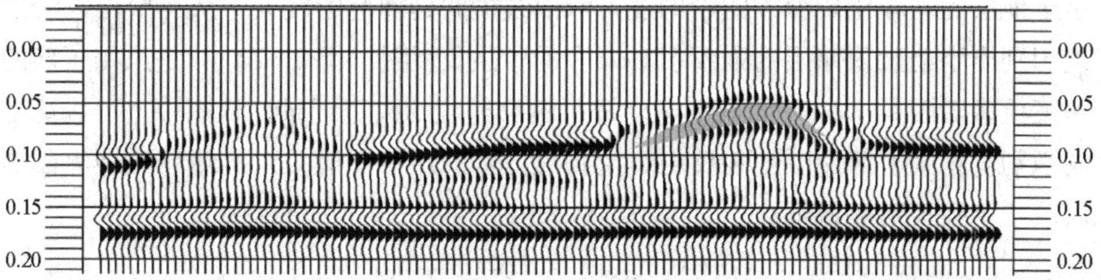

图 2-20　涪陵地区由正演模型得到的礁滩相地震反射结构示意图

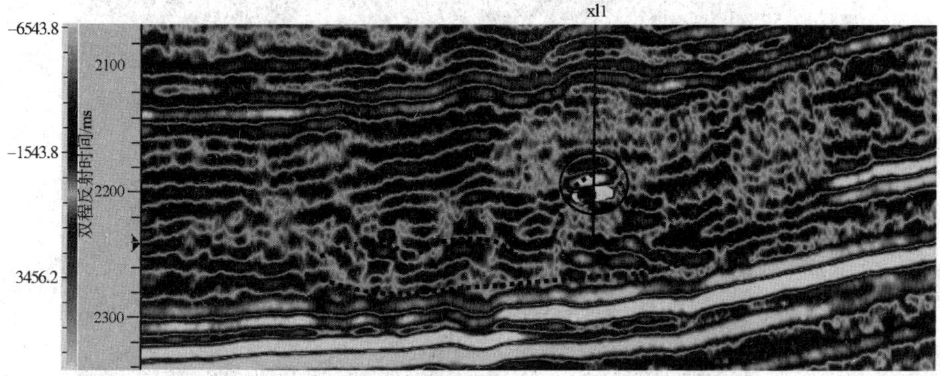

图 2-21　过 xl1 井长兴组瞬时振幅属性剖面图(虚线为礁体位置，圆圈处为礁盖储层位置)

(1)生物礁地震响应正演模拟。

从现有的钻井资料及三维地震资料等方面知道，一般情况下，鲕粒滩相较致密，速度平均约为 6400m/s。而当鲕粒滩相被白云岩化后，孔隙度大幅度增高，含气性和高孔隙度使鲕粒滩相速度降至 5300m/s，储层段与非储层段速度差最大可达 1600m/s 以上，此时鲕粒滩相与围岩间形成中—强振幅反射，即所谓的“亮点”反射。生物礁灰岩(礁核)较为致密，纵波速度从 5556m/s 变化到 6560m/s，正演模型设计中取 6200m/s(第一层)，第二层为 6000m/s，礁顶白云岩由于孔隙度高且含气，所以速度取 5500～5000m/s。台地与前缘斜坡由于致密，速度取 6100～6000 m/s。该设计模型相对较为理想化，与实际情况可能有些差距。

对元坝地区的礁滩模型[图 2-22(a)]进行数值模拟(这是众多模型中的一种)，该模型的储层发育于生物礁的顶部，为礁盖白云岩(生物礁体上部出现白云岩化现象)，飞仙关组鲕粒滩在生物礁的右上方依次叠置发育，形成前积体。在数值模拟过程中，其初始延拓深度为5000m。图2-22(b)是得到的正演记录，由于地层的埋藏比较深，图中的绕射双曲线横向延伸范围较大，从图中可以清楚地识别出生物礁顶储层的强反射和滩底的中强负反射。图2-22(c)是采用正确的速度模型对图2-22(b)的模拟记录进行偏移得到的模拟记录，从图中也可以清楚的识别生物礁上部储层的强反射、生物礁内部的层状反射、以及鲕粒滩顶界面储层段的中强反射等特征。

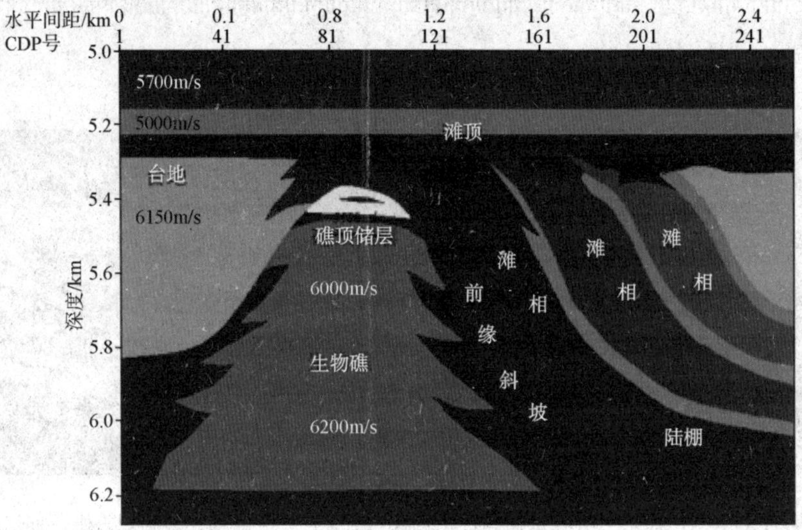

(a) 正演记录

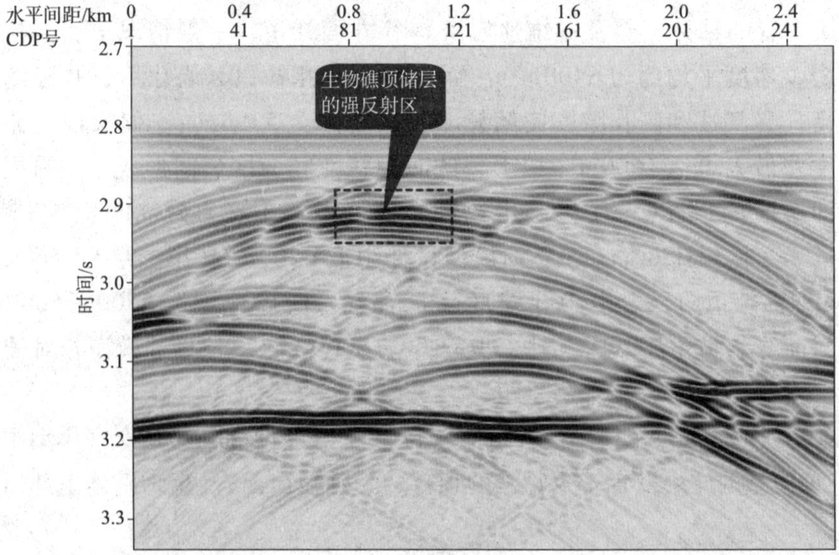

(b) 速度模型

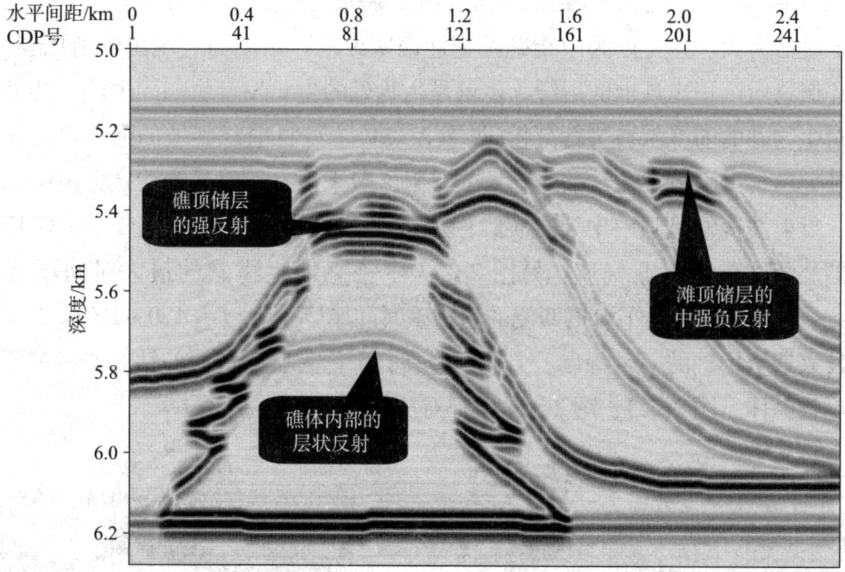

(c) 模拟剖面

图 2-22　元坝地区生物礁滩相反射外形特征的数值模拟

综合各种生物礁数值模拟结果可以将元坝研究区生物礁在时间剖面上的特征归纳为以下 3 项：

①外形上：呈丘状或杏仁状隆起，两翼对称或非对称，礁体翼部出现上超。

②由于礁体内部充填物性的差异，生物礁顶部的反射基本上呈强反射；生物礁内部多杂乱反射，隐约成层，反射有时强，有时弱，前缘斜坡强反射同相轴在生物礁处出现中断现象，礁底反射波与礁外反射具有差别，礁底反射波呈轻微下拉状。

③由于长兴组总体上处于海侵期，后期的飞仙关组沉积与生物礁岩隆伴随的披覆、上超现象明显。

通过上述特征的数值模拟，为元坝地区生物礁的地震识别提供了理论依据。

(2)生物礁的地震剖面特征。

根据生物礁数值模拟的结果，了解了生物礁独特的地震反射特征，利用现有的三维地震资料对元坝区块的生物礁地震剖面特征进行分析研究。

对元坝地区过井上具有生物礁反射特征的地震剖面进行分析(见图 2-23)，可见生物礁的地震反射结构表现为“低频、弱振幅、丘状杂乱反射”等特征，礁体顶部反射上拱，礁底反射与礁外反射相比，呈现反射弱或反射中断、空白反射等现象。图中也能看到礁底反射波轻微下拉，礁体翼部出现上超现象。在

图 2-23(b)中可见生物礁的礁前斜坡比礁后斜坡更陡，表现为礁前与下部地层的夹角比礁后为大。这是因为生物礁礁前迎浪所致，即水动力表现出礁前比礁后强，造成碎屑物质沉积出现前陡后缓，也就是生物礁的生长发育影响到了沉积环境的变化。对生物礁的前缘斜坡进行分析(见图 2-24)，可见前缘斜坡的强反射同相轴在生物礁处出现中断的现象，前缘斜坡的反射一般来说，相对较为稳定，波组也较为连续，反射波振幅呈强—中等。实践勘探中 yb27 井钻遇长兴组生物礁，对长兴组礁盖储层测试获得工业气流。另图 2-23 中长兴组生物礁的最大时间厚度约为 100ms 左右，开江—梁平海槽两侧的生物礁时间厚度也大概为 120 ~ 190ms，这也是识别长兴期生物礁的一个特点。上述这些具有生物礁反射特征的钻井资料都证实钻遇了生物礁体，图 2-23、图 2-24 中都对二叠系底进行了层拉平。

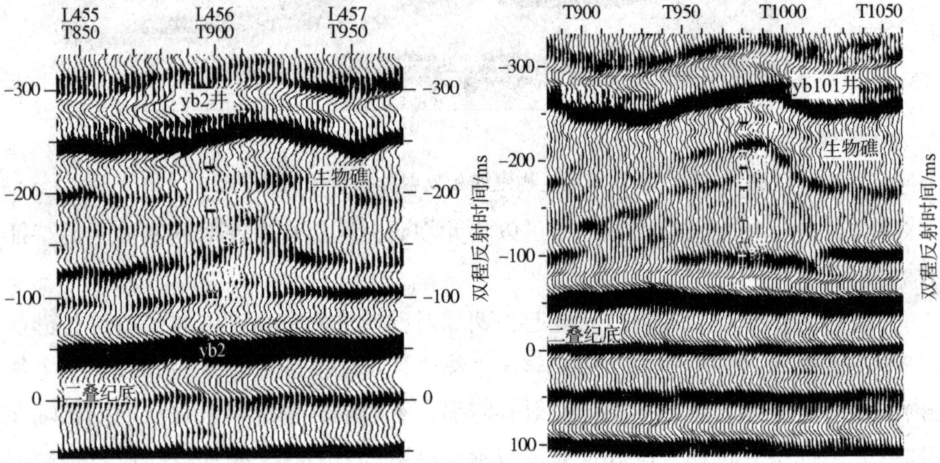

(a) yb2井　　(b) yb101井

图 2-23　元坝地区生物礁过井地震反射特征(图中的虚线区域)

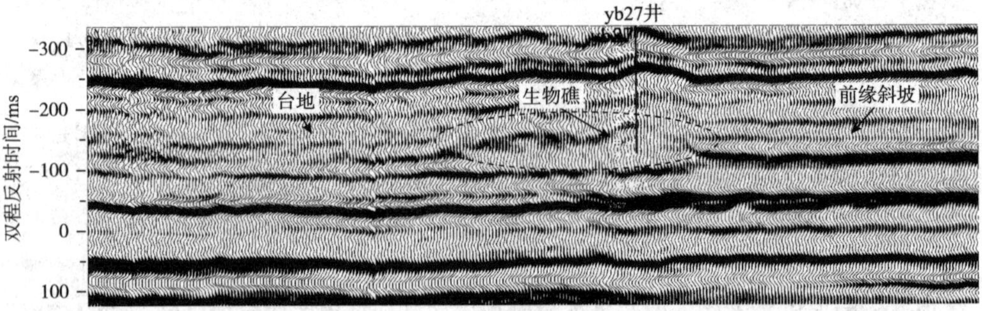

图 2-24　元坝地区过 yb27 井层拉平的地震剖面(虚线区域为生物礁体位置)

对叠加前的地震道集数据进行适当的去噪及时差校正处理，其叠加后可提高生物礁滩的地震成像效果。这是因为在常规叠加前的道集里面混杂了太多的噪声及反射同相轴不拉平的问题，这样在叠加后会造成某些反射减弱。一般叠前道集经过剩余时差校正、随机噪声衰减、振幅能量补偿等处理后，道集通常会得到优化，其所叠加的地震剖面比常规叠加剖面更能反映实际情况。如对过某礁滩（A 井验证）的地震剖面进行叠前道集优化处理，并进行叠加，其地震反射剖面（图 2-25）比常规叠加剖面（见图 2-26）更能反映真实礁滩的地震反射。

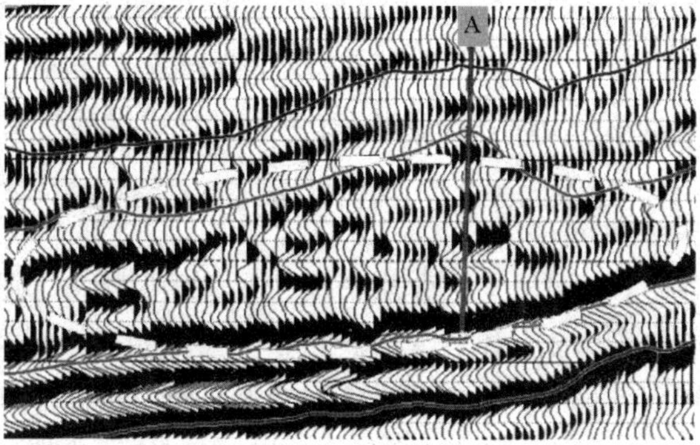

图 2-25　过 A 井经道集优化叠加后的地震剖面（虚线区域为礁滩体位置）

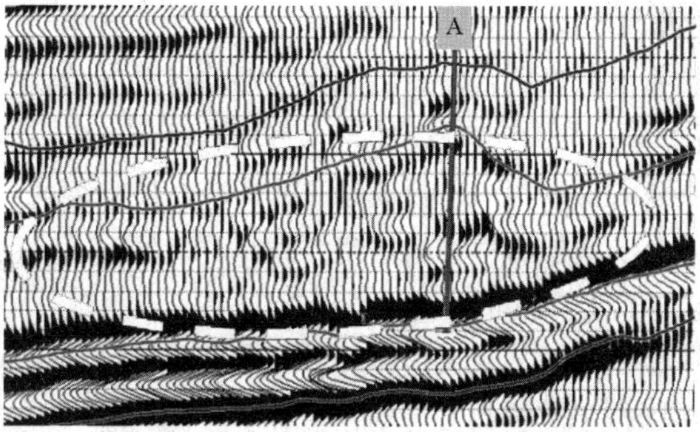

图 2-26　过 A 井常规叠加后的地震剖面（虚线区域为礁滩体位置）

2.3　叠后反演技术

测井约束地震反演技术是一种以模型为基础的反演技术，其目的是要求在不断修改拟合的过程中求解一个最符合实际地震剖面的模型。测井约束地震反演充分利用地震资料丰富的中频信息和测井的高频—低频成分，以过井地震剖面的地震层位解释结果和井位声波测井资料作为约束条件，通过迭代反演对地质模型进行修改，利用合成地震记录资料与实际地震资料横向比对，不断地修改模型使得两者尽可能的相近，最终模型就是求取的最优反演结果。因此，这种反演方法实际上是通过正演的方式来完成的。初始模型的给定直接影响了反演的分辨率和精度，也与正演合成的方法、井位的分布和钻井的数量有关，同时，地震解释工作的精细程度和测井资料处理也对其有很大的影响。

一般情况下，基于模型的波阻抗反演的原理为：设地震子波为 $W(t)$、反射系数序列为 $R(t)$，则地震记录适合层状介质的褶积模型为：

$$S(t) = R(t) \times W(t) \tag{2-4}$$

当地下为多层水平介质时，任意第 i 个界面的地震波反射系数为：

$$R_i = \frac{\rho_{i+1}v_{i+1} - \rho_i v_i}{\rho_{i+1}v_{i+1} + \rho_i v_i}(i = 1,2,3,\cdots\cdots,n-1) \tag{2-5}$$

式(2-5)中第 i 个界面的上层介质密度为 ρ_i，速度为 v_i，第 i 个界面的下层介质的密度和速度分别为 ρ_{i+1} 和 v_{i+1}，R_i 为第 i 个界面的反射系数。

通过子波反褶积处理可由地震记录求得反射系数，进而递推计算出地层波阻抗。据此原理，可进行井资料和地层层位双重约束下的三维波阻抗反演。一般情况下，该反演工作流程如下：

(1)构建拟声波曲线。

拟声波曲线是将反映地层岩性变化比较敏感的自然伽马、电阻率等测井曲线转换为具有声波量纲的拟声波曲线，使其具备自然伽马、电阻率等测井曲线高频信息，同时结合声波的低频信息，合成拟声波曲线，使它既能反映地层速度和波阻抗的变化，又能反映地层岩性等的细微差别。

(2)层位标定和子波的提取。

层位标定和子波的提取是联系地震和测井数据的桥梁，是做好地震—测井联合反演的关键所在。在子波提取过程中，估算子波的时窗长度应为子波长度的3倍以上，目的是降低子波的抖动，保持其稳定性，时窗的顶底放在地层相对稳定的地方。要求在子波形态上能量集中在中央主瓣上，两侧旁瓣迅速衰减，这样的子波一致性才好。层位标定则主要通过子波与反射系数褶积，产生合成地震记录剖面与实际地震剖面对比，同时不断调整子波使两者达到最大相关。判断最佳标定和最优子波的根据是使井旁实际地震记录与合成地震记录之间的互相关具有最大主峰值以及主峰值与次峰值之比尽可能大。

(3)建立初始地质模型。

地质模型是波阻抗反演的基础，建立初始地质模型就是在精确可靠的标定和层位解释的基础上，利用地震解释成果，综合沉积模式、地层接触关系及测井资料来完成。在Jason软件中使用EarthMod模块建立初始模型，其主要功能是结合地震、测井和地质资料，根据地震解释层位和断层，按沉积规律在大层之间内插出很多小层，建立一个地质框架结构，在这个地质框架结构控制下，根据一定的插值方式对测井数据沿层进行内插、外推，产生一个平滑、闭合的实体模型。

(4)储层门槛值的确定。

确定储层门槛值主要通过反演的拟声波阻抗与井上计算的拟声波阻抗数据进行交会，比较直观的方法是采用交会图和直方图进行分析，从直方图和交会图上可以看出井上和反演的拟声波阻抗值能比较清楚的区分储层与非储层，从反演的波阻抗可以大致确定储层与非储层的门槛值。

(5)井震联合反演的实践。

本次礁滩相储层预测研究中的井震联合反演的具体工作流程见图2-27。

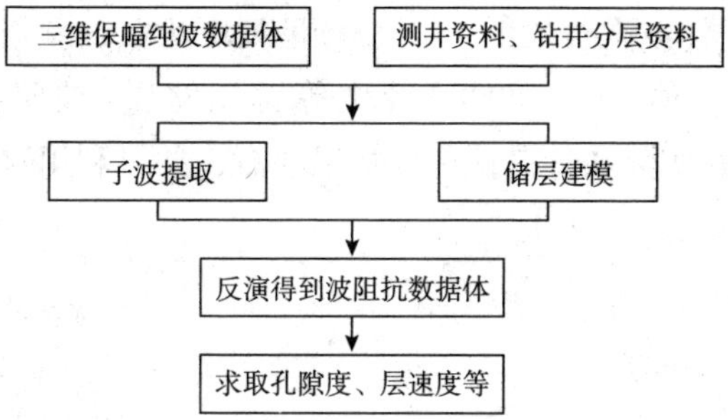

图2-27　井震联合反演工作流程示意图

①涪陵地区长兴组。

对涪陵地区长兴组的礁滩相储层进行叠后地震反演，得到相关的反演剖面图(图2-28)。图中可见礁顶储层呈低波阻抗值的反映(波阻抗值小于15000)，该储层呈断续状，这个也要注意与低波阻抗值的非储层进行区分——礁体上的低波阻抗值才有实际意义。如前缘斜坡相部位也有低波阻抗区域，但这是非储层的响应，经yun18井验证并进行测试，证实该区域(低波阻抗)为差含气层——推测为泥质类干扰所致，与礁滩相上的低波阻抗差异较大(一般为含气区域)。

对叠后波阻抗数据体进行去泥质反演处理，具体为反演出伽马数据体，利用

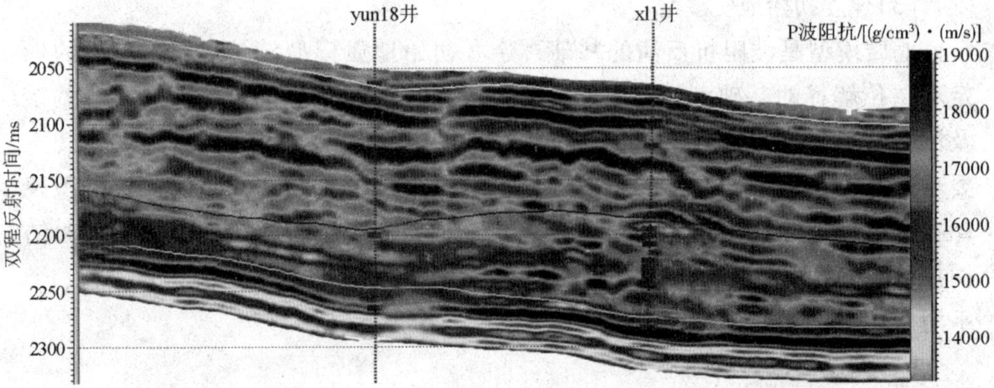

图2-28　过yun18井、xl1井连井叠后波阻抗反演示意图

该数据体对井上的泥岩类进行标定，统计并确定出泥质所对应的伽马值范围(泥质范围大于36API)，将该范围内的伽马值所对应的波阻抗数据值进行剔除处理即得到去泥质反演，得到去泥质后的波阻抗数据体。通过对比图2-28与图2-29所得到的认识为：去泥质反演后礁滩型储层的位置更为清晰、容易确认。对去泥质反演的波阻抗平面图进行分析(图2-30)，低波阻抗值与礁滩储层吻合相对较好。优质的礁滩储层(波阻抗值低于15000)呈斑块状在礁滩相中展布，礁滩体中也有非储层(波阻抗值大于17000)及中等含气储层(波阻抗值介于15000～17000)。这些特征在实际油气勘探中要加以注意，并可利用这些参数进行勘探井井位论证。

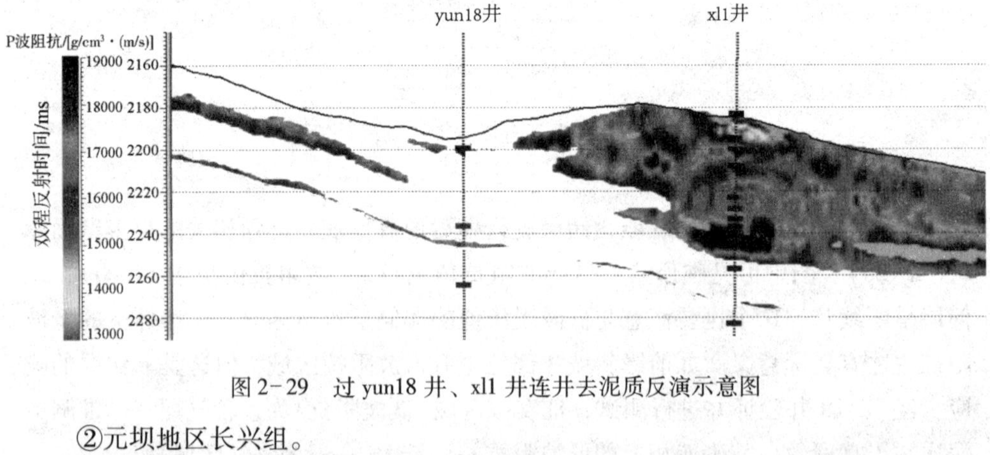

图2-29　过yun18井、xl1井连井去泥质反演示意图

②元坝地区长兴组。

对元坝地区过井剖面进行波阻抗反演得知，生物礁体内、外出现波阻抗不连续的现象(见图2-31)，且礁内纵向上也出现波阻抗强弱交互的现象，这表明组

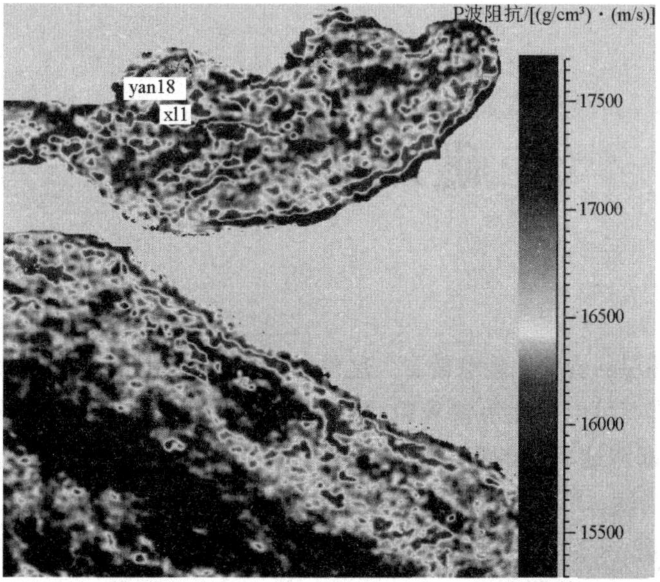

图 2-30　涪陵地区长兴组去泥质反演后的波阻抗平面图

成礁内的物质纵向上呈交互状态，亦即礁具有生长旋回，这是由于海平面升降所造成的现象——生物礁不断生长或死亡，造成礁体交替白云化。总之，反演结果得出礁内、礁外的岩石物性是不一样的，礁体本身也具有特殊的岩石物性。从图 2-31 中可看出，礁滩中的含气储层波阻抗值为中等幅度（波阻抗范围值为 17550～18900），颜色为灰白色。灰黑色部位可能为泥灰质灰岩，含泥质较重，表现为较低的波阻抗值（波阻抗范围值为 17100～17550）。含气储层（波阻抗范围值为 17550～18900）主要分布在生物礁顶部，这里岩石白云化较好，孔隙度高，为礁滩相含气有利部位及勘探部位。

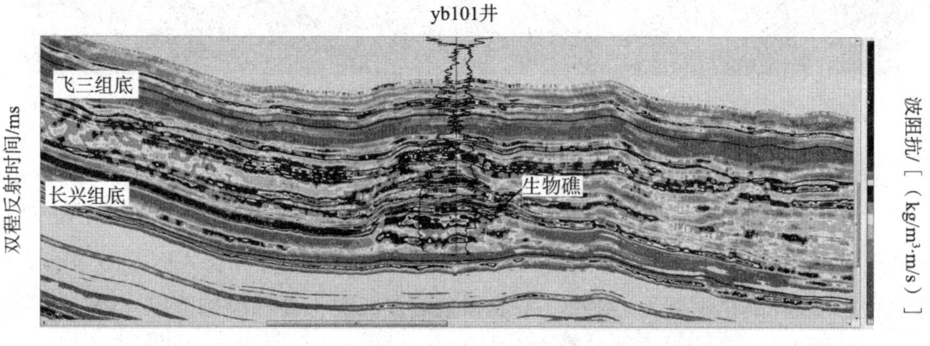

图 2-31　元坝地区过 yb101 井的波阻抗反演剖面

3　礁滩相裂缝检测

礁滩相储层的岩性为碳酸盐岩，这种岩石在外界构造应力的作用下极易产生裂缝，并沿裂缝可以发生溶蚀现象。现今世界上大多数地区的喀斯特岩溶地貌(图3-1)，都与地下水的溶蚀有关，并可以在碳酸盐岩体中生成巨大的溶洞(图3-2)。当然，不同规模的裂缝在碳酸盐岩体中也相当发育(图3-3)。

图3-1　广西壮族自治区灵山县的石灰岩峰林

裂缝是油气渗流的主要通道，在礁滩储层中裂缝的存在提供了酸性溶液活动的条件，有助于次生孔隙的形成，因而在裂缝发育带往往因具有次生溶洞而形成较好的油气储渗条件。例如与涪陵相邻的高峰场构造中的飞仙关和长兴组裂缝发育，裂缝类型有立缝(高角度缝)、斜缝、平缝和微裂缝四类，高峰场构造以立缝、微裂缝中的构造缝为主。其中 feng4 井的飞仙关组裂缝储层经测试产气约为$9.8\times10^4 m^3/d$， feng15 井经测试产气约为 141.58 × $10^4 m^3/d$。由此可见，裂缝是长兴组和飞仙关组油气聚集和产出的重要条件。从涪陵地区的钻井裂缝统计来看，xl1 井在长兴组中的裂缝还是比较发育的，这也是该井获得高产的关键因素之一。

图 3-2　广西灵山县六峰山景区内的大型溶洞

图 3-3　广西灵山县三海岩景区石灰岩体中发育的大型裂缝

通过对元坝地区多口钻井的长兴组全井段成像测井、岩心、薄片等大量资料的仔细观察发现(表3-1)，长兴组礁滩储层裂缝及溶蚀孔、洞主要发育于长二段储层，长一段次之，且长二段主要发育构造缝(垂缝、斜缝尤为发育，水平缝次之)、压溶缝及溶蚀缝，裂缝发育处主要对应中低孔储层，对储层连通性、储渗性能及产能有明显影响作用。另外，从大量微观资料的精细分析发现，元坝地区的长兴组储层裂缝主要为台地边缘礁滩储层裂缝，按成因主要可分为构造缝、压溶缝及溶蚀缝。

表3-1 元坝典型井长兴组礁滩储层裂缝、溶孔发育情况对照表

井号	回次	岩心长度/m	裂缝/条	裂缝密度/(条/m)	缝宽/mm	孔、洞发育情况
yb27	5~10	17.94	187	10.42	0.1~15	溶蚀孔、洞发育，主要为晶间孔、晶间溶孔，少部分被中-粗晶白云石晶体或黑色有机质全充填，孔径一般2.0mm×3.0mm，最大可达30mm×50mm，可见溶孔、溶洞与裂缝连通
yb204	13	8.65	89	10.29	0.1~10	溶蚀孔、洞较发育，主要为晶间溶孔，少量晶间孔，少数溶孔被黑色有机质或沥青质完全或半充填，孔径一般大小2mm×1mm，最大可达10mm×8mm，可见溶孔、溶洞与裂缝连通
yb104	5~6	14.59	88	6.03	0.1~8	溶蚀孔、洞较发育，溶孔主要为生物溶蚀孔、生物体腔孔，多数未被充填，孔径一般大小2mm×4mm，最大可达5mm×15mm，可见溶孔、溶洞与裂缝连通
yb123	22	2.93	20	6.83	0.1~10	溶蚀孔、洞发育，溶孔一般为针孔、针尖状，溶洞形状不规则，孔径一般2mm×4mm,，大者12mm，溶孔、溶洞均无充填物，可见溶孔、溶洞与裂缝连通
	2	3.61	2	0.55	0.5~3	泥晶结构，溶蚀孔、洞相对不发育，且多被方解石充填

根据以上元坝、涪陵地区井资料的分析发现，如礁滩相储层中裂缝发育，则对储层的孔隙及溶孔的沟通具有重要作用，并可使钻遇裂缝型礁滩相储层的钻井获得高产工业油气流。所以，对礁滩相实施裂缝预测是重要及必要的。

另外，对天然裂缝特征的描述要从多个方面进行(图3-4)。这样的综合分析能对裂缝的发育情况进行总结及预测，找到相关的裂缝预测特征及技术方法，进而更好地为裂缝预测服务。

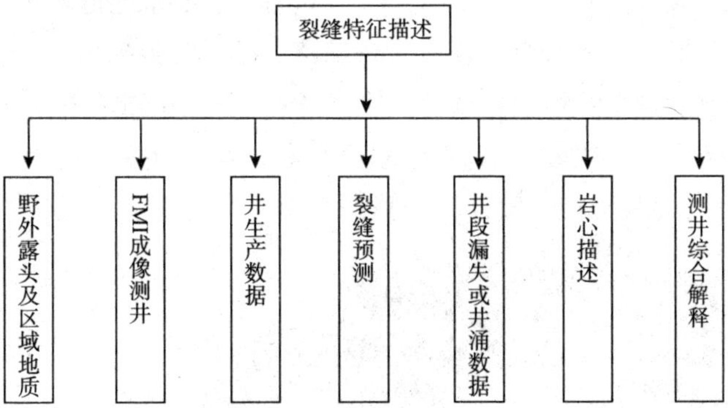

图 3-4　裂缝特征相关方面综合描述示意图

3.1　基于叠后地震资料检测

裂缝检测方面，基于叠后地震资料计算的主要有曲率、相干、构造应力场分析、层速度分析等技术。现主要对相关的叠后裂缝检测技术分述如下。

3.1.1　相干体技术

地震相干体技术近年来得到了广泛应用，并且大量用于油气勘探中。该技术在断层识别、特殊岩性体的解释方面较常规三维数据体具有显著的优势。相干体技术通过叠后地震数据体来比较局部地震道波形的相似性，相干值较低的点与反射波波形的不连续性相关，对相干数据体作水平切片图，可揭示断层、岩性体边缘[图 3-5(a)]、不整合及裂缝[图 3-5(b)]等地质现象，为解决油气勘探中的特殊问题提供有利依据。

在反射波法地震勘探中，由震源激发的脉冲波在向下传播过程中，遇到波阻抗分界面时，根据反射定理和透射定理，会发生反射和透射，形成地震波。地震波在横向均匀的地层中传播时，由于各相邻道的激发、接收条件十分接近，反射波的传播路径与穿过地层的差别极小，故对反射波而言，同一反射层的反射波走时十分接近，同时表现在地震剖面上的是极性相同且振幅、相位一致，称为波形相似。相干数据体技术正是利用这种相邻地震信号的相似性来描述地层和岩性的横向不均匀性的。具体地说，当地下存在断层时，相邻道之间的反射波在旅行时、振幅、频率和相位等方面将产生不同程度的变化，表现为完全不相干，相干值小；而对于横向均匀的地层，理论上相邻道的反射波不发生任何变化，表现为完全相干，相干值大。对于渐变的地层，相邻道的反射波变化介于上述两者之间，表现为部分相干。根据相干算法，对偏移后的地震数据体进行逐点求取相干值，就可得到一个对应的相干数据体。自从 1995 年 Bahorich 和 Farmer 提出相干体算法以来，已从第一代基于互相关的算法 C_1、第二代利用地震道相似性的算法 C_2 发展到第三代基于特征值计算的算法 C_3。

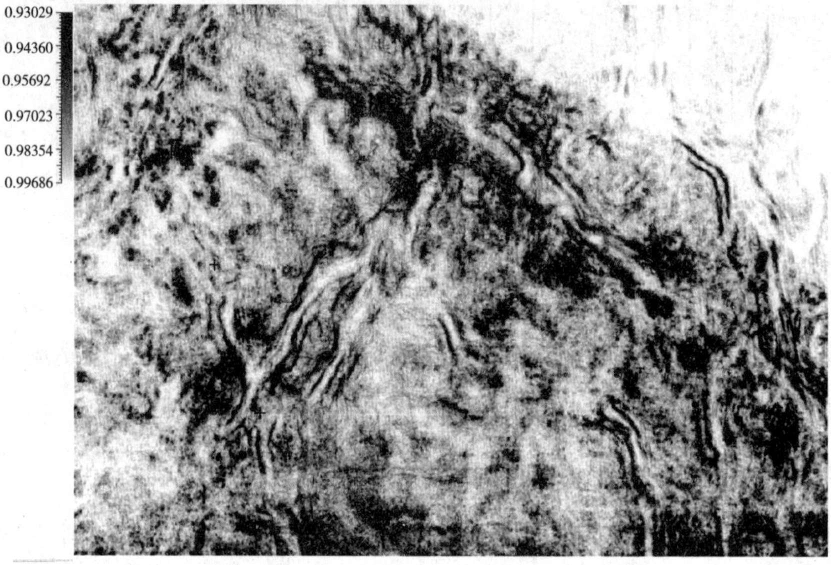

图 3-5(a)　某地区长兴组潮道相干体切片显示

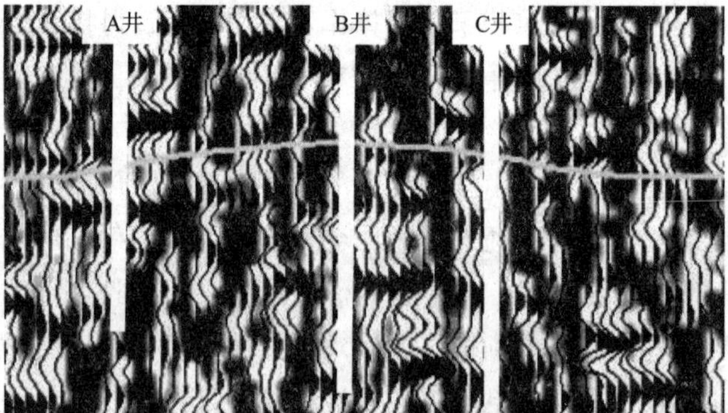

图 3-5(b)　某区过高产油井的地震反射与相干数据叠合剖面示意图

（垂向上黑色区域为低相干区）

(1)第一代相干数据体计算(C_1)。

$$C_{12}(m) = \sum_{i=t+\frac{k}{2}}^{t-\frac{k}{2}} x(i)y(i-m) \tag{3-1}$$

式中，k 为时窗长度；m 的大小与地层的倾角大小有关。

时窗大小的选择必须适当，k 值过小，干扰的影响大；k 值过大，相干值之间的差别减小，不利于小构造识别，同时计算量增大。一般地，取 k 值为 $\left(\frac{1}{2} \sim 1\right)T^*$（$T^*$ 为视周期）

$$C_{11}(m) = \sum_{i=t+\frac{k}{2}}^{t-\frac{k}{2}} x(i)x(i-m) \tag{3-2}$$

两道自相关函数分别为：

$$C_{22}(m) = \sum_{i=t+\frac{k}{2}}^{t-\frac{k}{2}} y(i)y(i-m) \tag{3-3}$$

①二维两道 C_1 算法。

在二维地震剖面选取相邻两道逐点求取 C_1 相干值，计算公式为：

$$C_1(m) = \frac{C_{12}}{(C_{11}C_{12})^{\frac{1}{2}}} \tag{3-4}$$

自动搜索 m 的值，计算得到最大的 C_1 作为该点的相干值。

$$C_1 = \max C_1(m) \tag{3-5}$$

②三维多道算法。

三维情况要比二维情况多考虑一个方位角。三维三道的相干计算公式为：

$$C_1(m,n) = \left[\frac{C_{12}}{(C_{11}C_{22})^{\frac{1}{2}}} \cdot \frac{C_{13}}{(C_{11}C_{33})^{\frac{1}{2}}}\right]^{\frac{1}{2}} \tag{3-6}$$

式中，n 值的大小与地层的方位角有关。

分别自动搜索 m、n 的值，使计算所得到的最大值作为该点的 C_1 相干值。

$$C_1 = \max C_1(m,n) \tag{3-7}$$

对多道情况：

设有 J 道地震数据，则计算公式为：

$$C_1(m,n) = \left(\prod_{j=2}^{J} \frac{C_{1j}}{\sqrt{C_{11}C_{jj}}}\right)^{\frac{1}{J-1}} \tag{3-8}$$

$$C_1 = \max C_1(m,n) \tag{3-9}$$

(2)第二代相干数据体计算(C_2)。

$$C_2 = \frac{\sum_{m=n-\frac{N}{2}}^{n+\frac{N}{2}} \left(\sum_{j=1}^{J} d_{jm}\right)^2}{J\sum_{m=n-\frac{N}{2}}^{n+\frac{N}{2}} \sum_{j=1}^{J} (d_{jm})^2} = \frac{u^T Cu}{\mathrm{Tr}(C)} \tag{3-10}$$

式中，$d_{jm} = d_{jm\Delta t}$ 为地震数据，u 为归一化向量，可以由特征向量 v_j ($j=1, 2, \cdots, J$)正交形成，即：

$$u = v_1\cos\theta_1 + v_2\cos\theta_2 + \cdots + v_J\cos\theta_J \tag{3-11}$$

故有

$$C_2 = \frac{u^T Cu}{\mathrm{Tr}(C)} = \frac{\lambda_1\cos^2\theta_1 + \lambda_2\cos^2\theta_2 + \cdots + \lambda_J\cos^2\theta_J}{\mathrm{Tr}(C)} \tag{3-12}$$

(3)第三代相干数据体计算(C_3)。

对于数据体中的相干计算点，设样点号为 n，给定按一定方式组合的 J 道数据，取时窗长度为 N(N 取奇数)，定义协方差矩阵 C

$$C(p,q) = \sum_{m=n-\frac{N}{2}}^{n+\frac{N}{2}} \begin{bmatrix} d_{1m}d_{1m} & d_{1m}d_{2m} & \cdots & d_{1m}d_{Jm} \\ d_{2m}d_{1m} & d_{2m}d_{2m} & \cdots & d_{2m}d_{Jm} \\ \cdots & \cdots & \ddots & \cdots \\ d_{Jm}d_{1m} & d_{xJm}d_{2m} & \cdots & d_{Jm}d_{Jm} \end{bmatrix} \tag{3-13}$$

式中，$d_{jm} = d_j(m\Delta t - px_j - qy_j)$ 为对应的地震数据，p 和 q 为视倾角。对于每一组 p、q 值，都可以利用 J 道(空间组合)、N 个点的小数据体的信息来提取该计算点的相干属性值。由于以上协方差矩阵是对称的半正定矩阵，当原始数据矩阵的元素不全为零时，可以计算出它们的 J 个非负特征值，定义下式为第三代相干体的相干值：

$$C_3 = \max[\boldsymbol{C}(p,q)] = \frac{\lambda_l}{\sum_{j=1}^{J}\lambda_j} = \frac{\lambda_l}{\mathrm{Tr}(\boldsymbol{C})} \tag{3-14}$$

式中，分母是矩阵的迹，代表了协方差矩阵的能量，$\mathrm{Tr}(\boldsymbol{C}) = \sum_{i=0}^{J}\sum_{j=0}^{J} C_{ij}$，这里 $C_{ij} = \sum_{m=n-\frac{N}{2}}^{n+\frac{N}{2}} d_{im}d_{im}$；分子是最大特征值，代表了优势能量。对于每一时间点，在给

定的视倾角范围内，计算不同 p、q 时的相干值，取其中最大的相干值作为该点最终的相干结果。

实际计算时，为了提高运算速度，特征值可采用乘幂法计算，矩阵 $\boldsymbol{C}$ 的迹及各元素的和可用递推法计算。

1)相干数据体计算实现方法

相干体计算的基本思路是从地震数据空间的一点出发，计算纵、横向波形相似系数或互相关函数，组合计算的值得到该点的相干属性：横测线两个方向并对数据体计算每一个点的相干值，最后得到整个相干数据体。相干数据体计算前应进行如下的处理：①网格点的分选：在水平面上将三维数据体分选成规则网格，例如5m×10m 的数据体，分选成10m×10m 的数据体，也可插值成5m×5m 的数据体。②平滑滤波：由于三维数据体中的一些数据有一定的随机性，地震道常常出现“毛刺”，且可能出现个别非地质因素所引起的异常(野值)。“毛刺”和野值的出现，对相干分析不利，因此需要做平滑处理。

2)相干技术参数的选择

(1)相干方式的选择。主要有两种，第一种为正交模式，选用多个方向的地震道进行相干计算，能够满足多组系的裂缝预测。第二种为线形模式，只用了一个方向，适用于应力方向集中的单组系裂缝预测。

(2)相干道数的选择。对于正交模式，参与的道数有 3 道、5 道、9 道。参与的道数越多，噪声压制越强，但具有平均效应，突出了大断层、较大尺度的裂缝发育带，但小断裂、小尺度的裂缝发育带反映不清楚。参与的道数越少，小尺度的裂缝发育带反映越清楚，但抗干扰能力越弱。所以在计算地震相干性时要根据研究地质目标的不同，来选择参与计算的相干道数。通过实际处理和综合比较，在知道断裂大致走向的情况下，采用垂直于断裂走向的单向 5 点组合或 9 点组合方式效果最佳，并且运算速度最快，因为平行于断裂走向的相干性会压制垂直于走向的不相干性，最好不要选择同向的道数参加相干运算。

(3)倾角搜索(ms/trace)。在给定的时窗范围内，目标道与相邻道的同一个同相轴进行相关就必须提供倾角校正功能，消除地层倾角不同所造成的相关系数的差别，这样输出的相关系数才能真实地反映同一时代地层的断裂。对于平缓地层，则该参数取较小的值；对于陡构造地层，需要输入较大的参数。

(4)相干时窗。相干时窗的选择一般由地震剖面上反射波视周期 T 决定。时窗过大，噪声压制强，具有平均效应，突出了地质尺度的裂缝发育带，但小尺度的裂缝发育带反映不清楚。时窗太小，计算出的低相干区带不是裂缝发育带而是噪声。因此在包括一个完整的波峰或波谷范围内，尽量选用小时窗，这样预测的结果分辨率高、裂缝发育带清楚。

3)相干体技术应用实践

对元坝地区长兴组的顶部(飞一段底)进行层位解释，得到相关层位数据，利用第二代相干算法进行计算得到相干体，沿飞一段底层向上、下开10ms时窗提取相干切片。根据沿层切片平面图(图3-6)可知，礁滩相与斜坡相能明确区分，其中礁滩相为低相干值——淡黑色、黑色区域，相干平面上不能区分出礁与滩的界线，相干值在这两种沉积相中呈杂乱无规律状分布，礁前斜坡则是高相干性——淡白色、白色区域；其中礁滩旁的潮道也能清楚显示，主要位于yb9井与yb3井附近，呈弯曲条带状，这主要是由于潮道与其两侧的岩性可能有差异所致。总体上，礁滩相中的裂缝较难识别及分辨，主要原因是相干数据往往也受到沉积相、储层含气等因素影响，形成低相干特征，这种特征往往也与裂缝所引起的低相干特征造成混淆。总体上，礁滩相内的裂缝呈短线扭曲状(黑色—淡黑色)，有的也可呈直线状与礁带展布方向一致，整体上裂缝延伸不长，从该成果图上也能看到元坝地区的长兴组断裂不发育，礁前斜坡相中岩层总体上裂缝不发育——该相带中淡白色、白色高相干区域呈大面积展布。

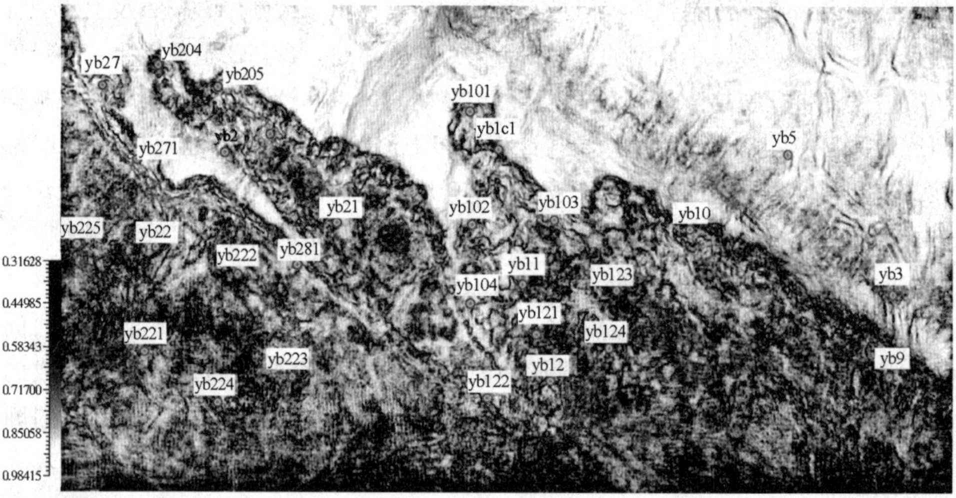

图3-6　元坝地区长兴组顶部相干切片平面图

3.1.2 曲率技术

1)曲率技术简介

曲率属性在20世纪90年代中期引入到解释流程中，计算方式为用层面计算，其结果显示与露头资料上存在的断裂有很紧密的联系(Lisle，1994；Roberts，2001)。最近体曲率属性开始流行起来，解释人员可以从层面属性上识别出小的扰曲、褶皱、凸起、差异压实特征，这些在常规地震资料解释时是无法追踪的，相干体上也呈现为连续低相干特征。通常意义上曲率用来表征层面上某一点处变形弯曲的程度。层面变形弯曲越厉害，曲率值就会越大。如果将这些构造变形如扰曲、褶皱等定量结果与更常规的断裂图像结合起来，地质科学家就能利用井控下的构造变形模型来预测古应力和有利于天然裂缝分布的区域。曲率属性除了可用于刻画断裂和裂缝外，还能对一些地质特征进行呈现。对于一个二维的曲线而言，曲率可以定义为某一点处正切曲线形成的圆周半径的导数。如果曲线弯曲褶皱厉害，曲率值就比较大，而对于直线不管水平或倾斜其曲率就是零。一般情况下背斜特征定义曲率值为正值，向斜特征定义曲率值为负值。

二维曲线曲率的简单定义方式可以延伸到三维曲面上，此时曲面则由两个互相垂直相交的垂面与曲面相切。在垂直于层面的面上计算的曲率定义为主曲率，同时可以计算最大和最小曲率，这两种曲率正好是互相垂直的。通常采用最大曲率来寻找断裂系统。

在属性领域内计算体曲率属性是重大的的变革。利用三维地震层位计算出来的曲率属性在预测断层和裂缝中的应用已经有很多成功经验，一些曲率特征与在露头资料上观察到的开启裂缝比较吻合(Lisle，1994)，或者与生产资料一致(Hart等，2002)。基于层位计算的曲率属性不仅受限于解释人员的追踪水平，还受目标层在三维资料中反射能量水平有关。如果资料中含有噪声或者岩性界面不呈现强反射界面，层位追踪是很困难的。近些年开始进行体曲率属性计算，这种方式就能减少层位追踪的影响(Al－Dossary和Marfurt，2006)。其计算过程简单表述为：先计算倾角属性和方位角属性体，这样每个样点处都有最佳的单倾角属性，然后比较邻近样点的倾角和方位角计算曲率，获得整个三维体的曲率属性。实际计算中可以计算出很多类型的曲率属性，其中最大正曲率、最大负曲率属性是最常用的。体曲率在刻画微小扰曲和褶皱时很有用处。除了断层和裂缝识别外，一些地层特征如河堤、点砂坝以及与断裂相关的成岩特征如岩溶、热液化白云岩等都能在曲率属性图上有很好的呈现，有差异压实作用的河道也能反映出来。

2)曲率技术计算原理。

根据 Murray 等(1968)提出的构造曲率法原理，构造层面的曲率值大小反映岩层的弯曲程度，弯曲越大，其破坏程度越高，构造裂缝越发育。因此利用沿层弯曲面的曲率值分布，可以评价因构造弯曲作用而产生纵张裂缝的发育情况。

曲率定义为给定曲线一点处正切圆的半径的倒数。传统的曲率计算方法有：倾角变化率法、散点圆弧法、曲线拟合法、极值主曲率法、垂直二次微商法等。近年来基于二阶导数的运用，曲率计算更前进了一步。

目前曲率属性包括面曲率和体曲率。面曲率是基于拾取界面的二阶导数，界面上任意一点有两个相互正交的曲线，一个代表最大曲率，另外一个代表最小曲率。曲率通常通过解释的层位，利用最小二乘法或其它逼近方法，拟合出二次曲面方程，从方程的系数可以推导出其它曲率度量，如最大曲率、最小曲率、平均曲率、主曲率、高斯曲率、倾角曲率、穿透曲率、形状指标、最多正曲率、最多负曲率等。

体曲率是一种根据 3D 地震数据体各个样点计算得到的几何属性，它对应的是地震反射体的弯曲和破碎特征。体曲率可直接由数据体利用面曲率一样的办法加以计算，区别在于它不是计算面上的各点，而是体中的各点。曲率计算分为三步：①对各个体样点，取一个小的面，让它在所定义的水平范围内一定点的周围移动，通过在中心道与各周围道之间的垂向分析窗找出最大互相关值来确定面深度，此方法是用抛物线拟合来确定最大互相关的精确移动来做反向内插的；②在分析所确定的范围内，用最小平方二次面 $Z(X, Y)$ 与垂向移动进行拟合；③最后，用经典的差分几何和二次面的系数计算出曲率属性。体曲率可很好地检测和拾取断层和河道之类的地层特征，例如小断距正断层区域计算出的体曲率能显示下盘边缘的高正曲率，反之，在上盘边缘显示的是高负曲率，这种高正、负曲率特征可用来解释小断距的断层。

根据弯曲薄板模拟得知构造面上一点最大主曲率反映该点裂缝发育程度，而最小主曲率方向指示裂缝走向，因此构造裂缝的分布问题可化为构造面的主曲率计算问题。主曲率法是预测构造裂缝发育带的一种常用方法，该方法是在对层面数据(或构造图)网格化的基础上，采用最小二乘法、趋势面拟合法或差分法进行曲率计算。

在采用最小二乘法计算时，为计算某一点的曲率，用周围 8 个网格点(图 3-7)的数值对局部进行拟合，再用相邻的 3×3 网格面元做逼近。Davis

(1973)给出了构造面拟合的二次趋势面，其一般表达式为：

$$z(x,y) = ax^2 + by^2 + cxy + ey + f \tag{3-15}$$

上式中

$$a = \frac{1}{2} \cdot \frac{d^2 z}{dx^2} = \frac{(z_1 + z_3 + z_4 + z_6 + z_7 + z_9)}{12\Delta x^2} - \frac{(z_2 + z_5 + z_8)}{6\Delta x^2}$$

$$b = \frac{1}{2} \cdot \frac{d^2 z}{dx^2} = \frac{(z_1 + z_2 + z_3 + z_7 + z_8 + z_9)}{12\Delta x^2} - \frac{(z_4 + z_5 + z_6)}{6\Delta x^2}$$

$$c = \frac{d^2 z}{dxdy} = \frac{(z_1 + z_2 - z_7 - z_9)}{4\Delta x^2}$$

$$d = \frac{dz}{dx} = \frac{(z_3 + z_6 + z_9 - z_1 - z_4 - z_7)}{6\Delta x}$$

$$e = \frac{dz}{dy} = \frac{(z_1 + z_2 + z_3 - z_7 - z_8 - z_9)}{6\Delta x}$$

$$f = \frac{2(z_2 + z_4 + z_6 + z_8) - (z_1 + z_3 + z_7 + z_9) + 5z_5}{9}$$

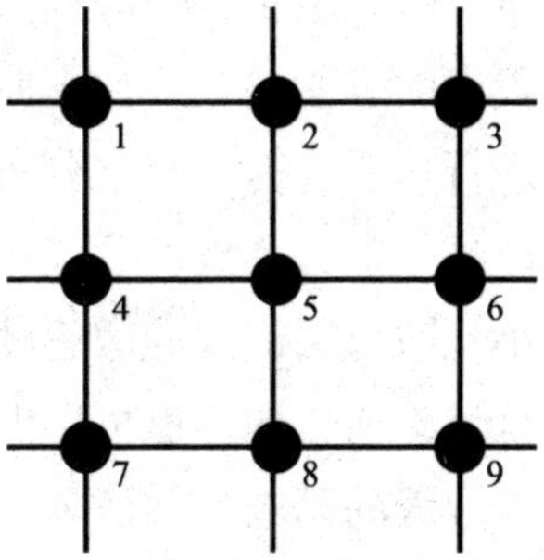

图 3-7 网格面元示意图

利用上述公式可以计算出平均曲率 K_m，极大曲率(即最大曲率)K_{max}，极小曲率(即最小曲率)K_{min}：

$$K_m = \frac{a(1 + e^2) + b(1 + d^2) - cde}{(1 + d^2 + e^2)^{\frac{3}{2}}} \tag{3-16}$$

$$K_g = \frac{4ab - c^2}{(1 + d^2 + c^2)^2} \tag{3-17}$$

$$K_{max} = K_m + \sqrt{K_m^2 - K_g} \tag{3-18}$$

$$K_{min} = K_m - \sqrt{K_m^2 - K_g} \tag{3-19}$$

最后可求得层面上任一点的曲率 K_i

$$K_i = K_{max}\cos^2\delta + K_{min}\sin^2\delta \tag{3-20}$$

式中，δ 是任一正交曲率 K_i 所在平面与最大曲率 K_{max} 所在平面之间的夹角。

在采用趋势面拟合法计算时，首先对构造图进行网格化，对构造面顶界进行构造趋势面拟合，当拟合度达到85%以上时，求得趋势面方程：

$$f(x,y) = A_x^3 + B_y^3 + C_{xy}^3 + D_{xy}^2 + E_{xy} + F_x^2 + G_y^2 + H_x + I_y + J \tag{3-21}$$

由上述构造面趋势方程按下述方法计算主曲率值：

$$\frac{1}{R_{1,2}} = (\frac{1}{r_x} + \frac{1}{r_y}) \pm \sqrt{\frac{1}{4}(\frac{1}{r_x} - \frac{1}{r_y})^2 + \frac{1}{r_{xy}}} \tag{3-22}$$

式中，$\frac{1}{r_x}=\frac{\partial^2 f(x,y)}{\partial x^2}$，$\frac{1}{r_y}=\frac{\partial^2 f(x,y)}{\partial y^2}$，$\frac{1}{r_{xy}}=\frac{\partial^2 f(x,y)}{\partial x\partial y}$。

根据计算结果，将平面上某点处的最大主曲率值进行作图，得到曲率分布图，然后进行裂缝评价。在进行裂缝发育区判断时，应结合实验数据计算出研究区的临界曲率大小。

3)曲率技术应用实践

构造层面的曲率值反映岩层弯曲程度的大小，因此岩层弯曲面的曲率值分布，可以用于评价因构造弯曲作用而产生的纵张裂缝的发育情况。计算岩层弯曲程度的方法很多，如主曲率法。根据计算结果，将平面上每点处的最大主曲率值进行作图，得到曲率分布图，进行裂缝分布评价。一般来讲，如果地层因受力变形越严重，其破裂程度可能越大，曲率值也应越高。由于曲率属性的检测尺度较小，对地层褶皱的敏感度比较高，可能受到噪声的影响，因此运用曲率体属性进行计算前，同样也可以做滤波去噪等预处理工作，其结果成像效果更好，对断层或裂缝的刻画更加清晰。

对元坝地区长兴组进行最大曲率地层体计算，得到最大曲率地层体。从曲率地层体剖面上分析(图3-8)，结合 yb27 井在长兴组钻遇礁相裂缝型储层，并在岩心及 FMI 测井资料中发现长二段裂缝相当发育，具体为图3-8中白色背景(小于0.19的曲率值)中的淡黑—黑色(大于0.19的曲率值且曲率值越大则黑色越深)方块状分布的区域，裂缝整体上连通性较好(方块之间的连接情况)，礁体上裂缝相对发育，而礁前斜坡带上的裂缝相对不发育(剖面中白色区域较多)，呈致密、整体状岩石，礁后滩相的裂缝发育强度也比礁体上减弱不少，整体上裂缝分布的规律性较差；其次，利用长兴组顶的层位数据提取沿层最大曲率属性，在曲率平面分布图上(图3-9)可看到，当曲率值大于0.254时的淡白至白色区域在平面上分布主要在以 yb10 井为界的中部及西部局部区域，大于该值则可以认为裂缝相对发育至强发育。特别是在条带状礁带上，具体表现为曲率大值的白色区域呈断续、扭曲状展布，并且部分曲率极大值在局部区域内呈相互相连通的状态。总体来说礁带内、外侧(靠滩相一侧)裂缝相对最为发育，而大部分滩体中的局部裂缝也相对发育(但曲率值较低)，并且滩相中裂缝的连通性也相对较好——斑块状断续分布、裂缝强度也比礁带上的弱；礁前斜坡相带中裂缝不发育，呈大面积黑色块状分布(低曲率值)，结论也与相干切片吻合。从井资料出发，结合曲率值平面及过井剖面分析可以认为，当曲率值大于0.19时，该区域会发育裂缝，裂缝发育强度与曲率值成正比。

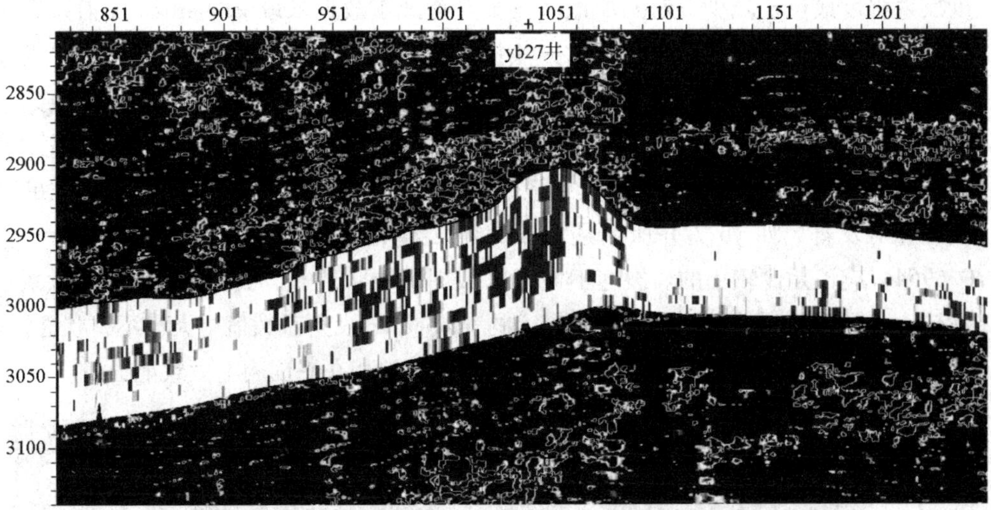

图 3-8 元坝地区过 yb27 井长兴组最大曲率地层体剖面图

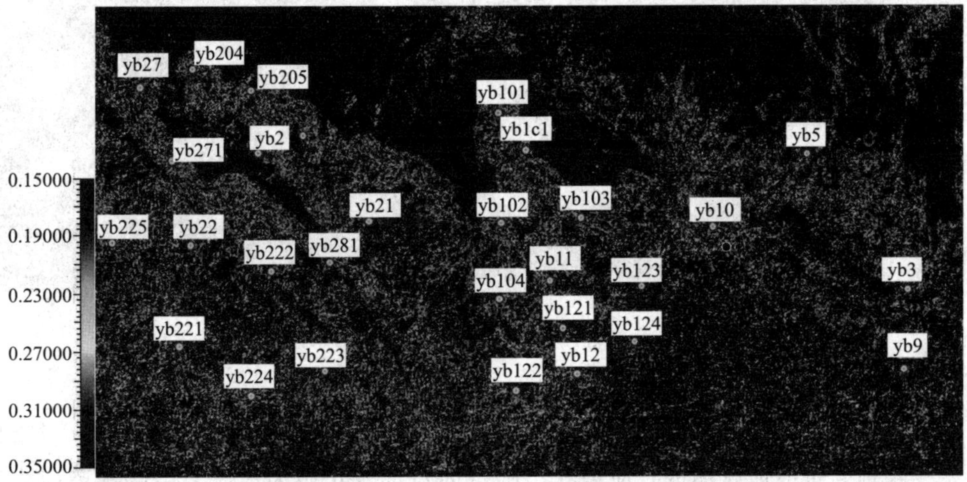

图 3-9 元坝地区长兴组最大曲率平面分布图

此外，也可利用 lambertian 反射系数计算裂缝。lambertian 反射系数模型假设表面点的亮点独立于观察者的视线方向，粗糙的表面在所有方向反射光线的强度相等，所以在各个方向的光强都一样(漫反射)。对于一个给定表面，其亮度只取决于光源和表面法线的方向间的夹角，对于 lambertian，观察者看到的光度与观察者所处的方向无关，只与光入射的角度成正比。对于观察者看到的光度，观察者的观察角度越大，看到的表面区域越多，在单位区域上，光的亮度在那个角度反射强度成反比减少。对元坝地区三维叠后地震数据求取 lambertian 反射系数体，并按最大曲率属性平面提取的方法提取其 lambertian 反射系数平面，结果发现反射系数小值区域与最大曲率大值区域吻合较好(图 3-10)。从该区长兴组礁滩储层的裂缝分析发现，以 yb10 井为界的中西部礁带及部分滩相的裂缝相对发育，裂缝越发育则其 lambertian 反射系数越小(杂乱状分布)，整体上礁带部位的裂缝相对发育，如 yb27 井所钻遇的长兴组裂缝相对发育，其反射系数则只有 0.6954，应该是比较小的。裂缝不发育区域则呈块状展布，其 lambertian 反射系数较大，如礁前斜坡相。整体上礁带上的 lambertian 反射系数值呈大小不一状态，在礁带上展示出杂乱状分布情况，礁带与前缘斜坡相在平面图上大致能分辨。

图 3-10　元坝地区长兴组 lambertian 反射系数平面图

3.1.3　构造应力场模拟

在地壳中或地球体内，应力状态随空间点的变化称为地应力场或构造应力场。地应力场一般随时间变化，但在一定地质阶段相对比较稳定。研究地应力场，就是研究地应力分布的规律性，确定地壳上某一点或某一地区，在特定地质时代和条件下，受力作用所引起的应力方向、性质、大小以及发展演化等特征。随着地质演化，一个地区常常经受多次不同方式的地壳运动，导致同一地区内，呈现出受不同时期不同形式地应力场作用所形成的各种构造及其叠加或改造的复杂景观。因此，只有最近一期地质构造，未经破坏或改造，才能确切地反映这个时期的地应力场。

地应力场的特点与演化，对含油气盆地内油气藏、油气田、油气聚集带的形成、类型及分布具有重要的控制作用。地应力是油气运移、聚集的动力之一，地应力作用形成的储层裂缝、断层及构造是油气运移、聚集的通道和场所。通过地层应力场分析，可以预测构造成因的裂缝在研究区域的发育和分布规律。

地壳岩体的变形和裂缝系统的形成常常受到构造运动及其作用强度的影响，裂隙的产生同构造应力场分布密切相关。构造应力场数值模拟技术是数学力学手段的一种模拟方法，利用这种模拟技术，可以计算研究区内主应力和剪切应力的分布，预测研究区内裂隙发育带的宏观平面分布。

数值模拟技术是对储层构造裂缝进行定量预测及确定构造缝空间分布的一种有效方法。李辉等(2006)介绍了用于裂缝预测的数值模拟包括：构造应力场数值模拟、变形数值模拟和岩层曲率数值模拟。

(1)构造应力场数值模拟是在建立地质模型的基础上，用有限元法计算各点的最大主应力、最小主应力和最大剪应力、岩石的破裂率、裂缝密度、应变能、剩余强度等裂缝预测参数，并计算各点的主应力方向和剪应力方向，然后根据岩石的破裂准则来预测裂缝发育带和延伸方向，或者根据应变能计算裂缝发育程度。也可以将破裂率和应变能结合起来，用二元拟合的关系来标定裂缝密度。

(2)变形数值模拟包括有限变形数值模拟和应变数值模拟。前者用分解的方法把物体变形过程中的应变和转动分离开来，用平均整旋角的平面变化表示构造裂缝的发育程度和延伸方向。后者在计算主应变和剪应变的基础上，根据应变与破裂的关系预测裂缝的发育程度和延伸方向。

(3)岩层受力变形，在弯曲部位会产生张裂缝，其曲率值与裂缝发育程度存在密切的相关性。用岩层曲率数值模拟法可计算裂缝岩石的孔隙度。

1)构造部位和构造应力

储集层构造裂缝发育的程度，除了与所受构造应力有关外，还与岩性、厚度以及所处的构造位置有关。在某一地质历史时期，某一有限范围内所受的区域构造应力基本是统一的，但同构造部位、岩性及其结构上的差异(主要表现在岩石弹性模量、泊松比、抗张强度和抗剪强度等岩石参数的不同)或者各向异性，必然造成不同部位局部构造应力场不同(包括主应力方位与大小差异)，从而造成构造裂缝发育程度的不均一性。因此可以说构造应力场、构造位置是储层构造裂缝形成的外因，而储集层岩性、岩层厚度则是储层构造裂缝形成的内因。

裂缝的发育与构造部位及构造应力密切相关。主要体现在：①构造应力是几乎所有构造裂缝形成的力源之一，构造应力对裂缝形成的控制主要取决于岩层所受构造应力的大小、性质及受力次数；②构造应力对区域构造形迹的产生和改造作用也比较显著，构造产生的构造形迹(背斜、断层)也与裂缝的发育有关系，一般认为以下几个区域是裂缝较为发育的区域(图3-11)：a. 随着与断层的距离增大，大裂缝、微裂缝数明显减少，也就是说断层附近为裂缝发育区域；b. 弯曲断层的外凸区是应力集中区，也是裂缝相对发育带；c. 多组断层交汇区和转换区也是会造成应力集中的区域，是裂缝相对发育带；d. 断层的末端区也是裂缝相对发育带。

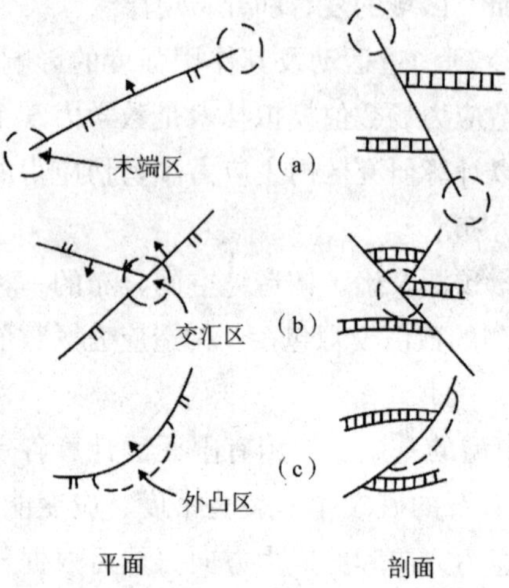

图3-11　断层效应类型示意图

2)应力场分析技术

针对背斜等张裂缝的储层构造，以弯曲薄板作为力学模型，利用地层的几何信息，计算出地层面的曲率张量、变形张量和应力场张量等地层的应力场参数，作为进一步判断裂缝的参考依据。

弯曲薄板理论假设所研究的地层是均匀连续、各向同性、完全弹性的，并认为地层的形成是完全由构造应力所形成的。

设以薄板中面为$z=0$的坐标面，规定按右手规则，以平行于大地坐标为X、Y坐标，以向上为正。沿X、Y正方向的位移分别为u_x、u_y，沿Z方向的位移为扰度$w(x, y)$(图3-12)。

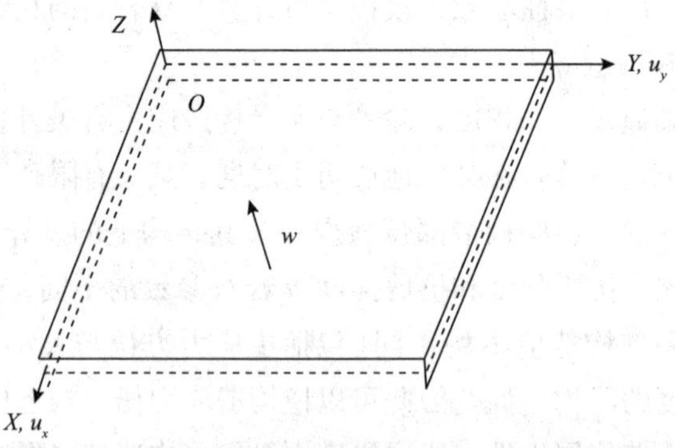

图3-12　薄板模型示意图

(1)基本公式。

直角坐标系中的变形几何方程为：

$$\varepsilon_x = \frac{\partial u_x}{\partial x}, \varepsilon_y = \frac{\partial u_y}{\partial y}, \gamma_{xy} = (\frac{\partial u_x}{\partial y} + \frac{\partial u_y}{\partial x}), \varepsilon_z = \frac{\partial u_z}{\partial z}$$

$$\gamma_{xz} = (\frac{\partial u_x}{\partial z} + \frac{\partial u_z}{\partial x}), \gamma_{yz} = (\frac{\partial u_z}{\partial y} + \frac{\partial u_y}{\partial z})$$

$$u_z = w \tag{3-23}$$

根据薄板理论有：

$$u_x = z\frac{\partial w}{\partial x}, u_y = z\frac{\partial w}{\partial y} \tag{3-24}$$

且有：

$$\varepsilon_x = z\frac{\partial^2 w}{\partial x^3}, \varepsilon_y = z\frac{\partial^2 w}{\partial y^2}, \gamma_{xy} = 2z\frac{\partial^2 w}{\partial x \partial y} \tag{3-25}$$

定义曲率变形分量：

$$\kappa_x = -\frac{\partial^2 w}{\partial x^2}, \kappa_y = -\frac{\partial^2 w}{\partial y^2}, \kappa_{xy} = -\frac{\partial^2 w}{\partial x \partial y} \tag{3-26}$$

因此,应变分量可写为：

$$\varepsilon_x = -z\kappa_x, \varepsilon_y = -z\kappa_y, \gamma_{xy} = -2z\kappa_{xy} \tag{3-27}$$

物理本构关系(广义虎克定律)可表示为：

$$\varepsilon_x = \frac{1}{E}\left[\sigma_x - \nu(\sigma_y + \sigma_z)\right], \qquad \gamma_{xy} = \frac{2(1+\nu)}{E}\tau_{xy}$$

$$\varepsilon_y = \frac{1}{E}\left[\sigma_y - \nu(\sigma_x + \sigma_z)\right], \qquad \gamma_{xz} = \frac{2(1+\nu)}{E}\tau_{xz}$$

$$\varepsilon_z = \frac{1}{E}\left[\sigma_z - \nu(\sigma_y + \sigma_x)\right], \qquad \gamma_{yz} = \frac{2(1+\nu)}{E}\tau_{yz} \tag{3-28}$$

其逆关系为：

$$\sigma_x = 2G\varepsilon_x + \lambda\theta, \qquad \tau_{xy} = G\gamma_{xy}$$

$$\sigma_y = 2G\varepsilon_y + \lambda\theta, \qquad \tau_{yz} = G\gamma_{yz}$$

$$\sigma_z = 2G\varepsilon_z + \lambda\theta, \qquad \tau_{xz} = G\gamma_{xz}$$

$$\theta = \varepsilon_{kk} \tag{3-29}$$

λ,G 为 拉梅(Lame) 常数,G 也就是剪切模量(Shear modulus),E 为杨氏模量(Yong modulus),θ 为体积应变。

将前面的式代入，得到：

$$\sigma_x = \frac{E}{1-\nu^2}(\varepsilon_x + v\varepsilon_y), \sigma_y = \frac{E}{1-\nu^2}(\varepsilon_y + v\varepsilon_x), \tau_{xy} = \frac{1}{G}\gamma_{xy} \qquad (3-30)$$

因而有：

$$\sigma_x = -\frac{Ez}{1-\nu^2}(\kappa_x + v\kappa_y), \sigma_y = -\frac{E}{1-\nu^2}(\kappa_y + v\kappa_x), \tau_{xy} = -\frac{2}{G}\kappa_{xy} = -\frac{Ez}{(1+\nu)}\kappa_{xy} \qquad (3-31)$$

将地层厚度 $t=2z$ 代入上式，得到由曲率分量表示的地层面上的应力分量：

$$\sigma_x = -\frac{Et}{2(1-\nu^2)}(\kappa_x + v\kappa_y), \sigma_y = -\frac{Et}{2(1-\nu^2)}(\kappa_y + v\kappa_x), \tau_{xy} = -\frac{Et}{2(1+\nu)}\kappa_{xy} \qquad (3-32)$$

由上式可知，当地层面向上凸时，曲率大于零，正好对应上凸地层面受拉张应力，张应力为正。为了与地质力学符号相符，这里采用压应力为正，张应力为负的符号约定。曲率小于零，表示地层上凸。

求出该点的沿坐标的应力后，就可求出其主应力及其方向：

$$\sigma_{\max} = \frac{\sigma_x + \sigma_y}{2} + \sqrt{\left(\frac{\sigma_x - \sigma_y}{2}\right)^2 + \tau_{xy}^2}, \sigma_{\min} = \frac{\sigma_x + \sigma_y}{2} - \sqrt{\left(\frac{\sigma_x - \sigma_y}{2}\right)^2 + \tau_{xy}^2} \qquad (3-33)$$

$\sigma_{\max}$ 与 X 轴的夹角 α，$\sigma_{\min}$ 与 X 轴的夹角 β：

$$t_g(\alpha) = \frac{\sigma_{\max} - \sigma_x}{\tau_{xy}}, \qquad t_g(\beta) = \frac{\tau_{xy}}{\sigma_{\min} - \sigma_y} \qquad (3-34)$$

因此，若能得到地层面的扰度方程或其面上点的曲率，就可以估算其上的应力场，进而计算由此应力产生的裂缝。

(2)地层曲率的计算。

①趋势面计算。

由前面理论可知，若能求出地层面的曲率分量，就可以求出其上的应力场。采用趋势面拟合方法拟合地层面的趋势函数，进而计算其上点的曲率分量。采用最小二乘法拟合趋势面。设趋势面的待定系数的函数为：

$$w(x,y) = a_0 + a_1x + a_2y + a_3x^2 + a_4xy + a_5y^2 \qquad (3-35)$$

由层面散点处的坐标值(x, y, z)，建立最小二乘方程，对一个散点：

$$\varepsilon_i = z_i - w_i(x_i, y_i) \qquad (3-36)$$

$$\frac{\partial \varepsilon_i^2}{\partial a_j} = 0 \qquad j = 0,1,2,3,4,5 \qquad (3-37)$$

当用 n 个散点拟合一个趋势面时，可得到拟合方程组，解此方程组：

$$\sum_{i}^{n}\varepsilon_i = \sum_{i}^{n}\left[Z_{\mathrm{i}} - w_{\mathrm{i}}(x_{\mathrm{i}},y_{\mathrm{i}})\right]$$

其中求和号表示 $\sum_{i}^{n}$ ，即对 1…n 点求和。解此线性方程组，就可得到趋势面函数。

②趋势面的曲率计算式：

$$\kappa_x = -\frac{\partial^2 w}{\partial x^2} = -2a_3,\kappa_y = -\frac{\partial^2 w}{\partial y^2} = -2a_5,\kappa_{xy} = -\frac{\partial^2 w}{\partial x\partial y} = -a_4 \quad (3-38)$$

(3)裂缝参数计算。

①曲率参数。

由上述方程组求解可得到拟合曲面系数 a_3、a_4、a_5，由式(3-30)及式(3-31)可得到该点处的曲率。

②应变和应力参数。

由式(3-23)~式(3-34)可得到应变值，其中，$z=t/2$。再由式(3-32)、式(3-33)、式(3-34)分别计算出相应的应力、主应力和主应力方向。

3)应力场分析应用实践

根据以上技术原理，开展应力场数值模拟研究时常用的技术参数如下：①构造曲率：表示构造面梯度变化的快慢；②最大主应变：表示形变的大小；③张应变(+)：与裂缝密度有关；④压应变(-)：表示地层压实变形；⑤最大主应力：表示最大主应力的大小；⑥压应力(+)：平行裂缝方向；⑦张应力(-)：平行裂缝法向方向；⑧应力方向角：表示最大主应力方向，与张应变结合，可以表示裂缝的发育方向。

针对背斜等张裂缝的储层构造，从构造力学出发，利用地层的几何信息(构造面)、岩性信息(速度、密度)、岩石物理信息(泊松比、拉梅常数、剪切模量)等建立地质模型、力学模型和数学模型，运用三维有限差分数值模拟方法对地层的应力场进行模拟，研究构造、断层、地层岩性厚度、区域应力场等地质因素与构造裂缝分布的关系，计算地层面的曲率张量、变形张量和应力场张量，从而得到主曲率、主应变和主应力、主应力方向等参数来预测与构造有关的裂缝分布及发育程度。

使用构造应力场分析技术对元坝地区的长兴组礁滩相碳酸盐岩的裂缝进行预测(图3-13)。从图中可见裂缝主要沿礁带上发育，呈黑色条带状展布，礁带内的裂缝走向(玫瑰图中裂缝方向)与礁带的走向大致呈平行状，裂缝预测的结果也与井上的FMI测井资料吻合(图3-14、图3-15)，礁带外侧的裂缝走向与礁带大致呈垂直状；局部在滩相上的裂缝也呈条带状展布发育，大体上呈淡黑色条带且局部裂缝强发育，裂缝强度总体上比礁带上的略低，滩相的裂缝发育规律性较差但连通性也较好。裂缝玫瑰图显示研究区内的裂缝发育方向主要有北东向及北西向的两种优势方向，局部区域上这两种裂缝呈相交状，表明这两种裂缝在该区域上叠加。预测结果也与井上的FMI测井资料所解释的裂缝方向较为一致，达到了地质上的预期效果。

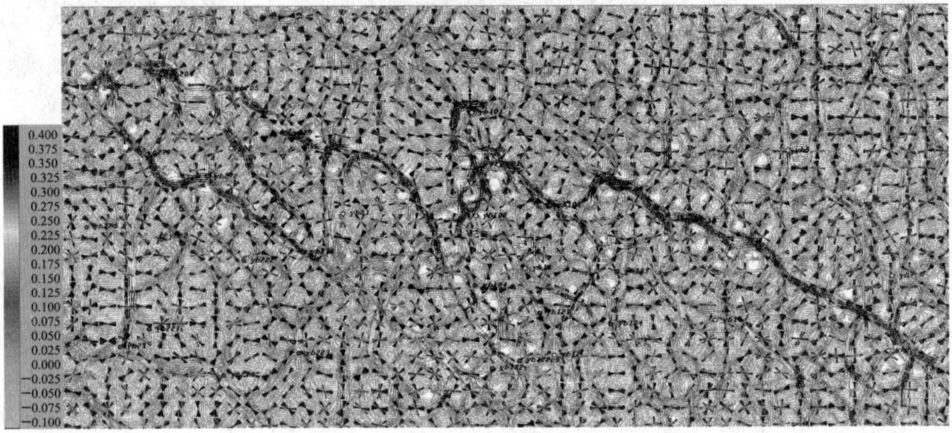

图3-13　元坝地区长兴组构造应力场预测裂缝强度+玫瑰平面图

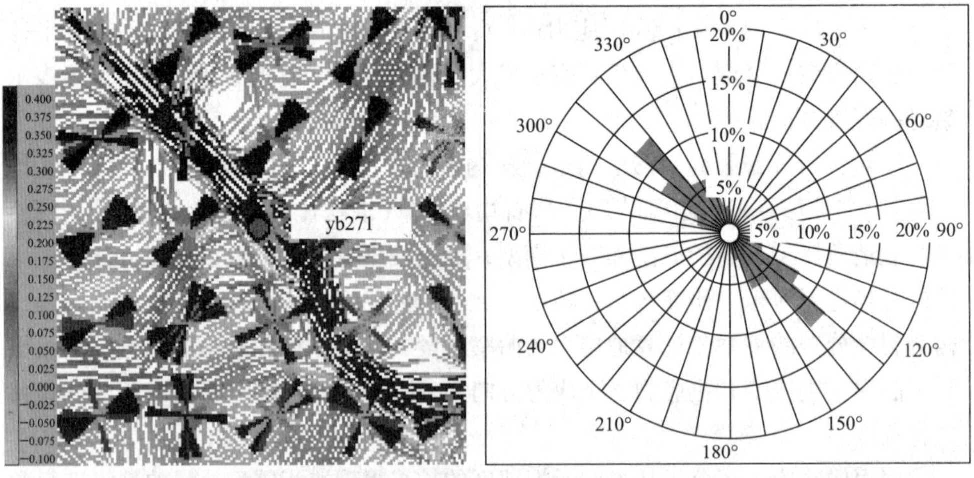

(a) 构造应力场预测的裂缝强度+玫瑰

(b) FMI测井解释的裂缝走向及强度特征

图3-14　yb271井构造应力场预测与实测长兴组裂缝发育特征

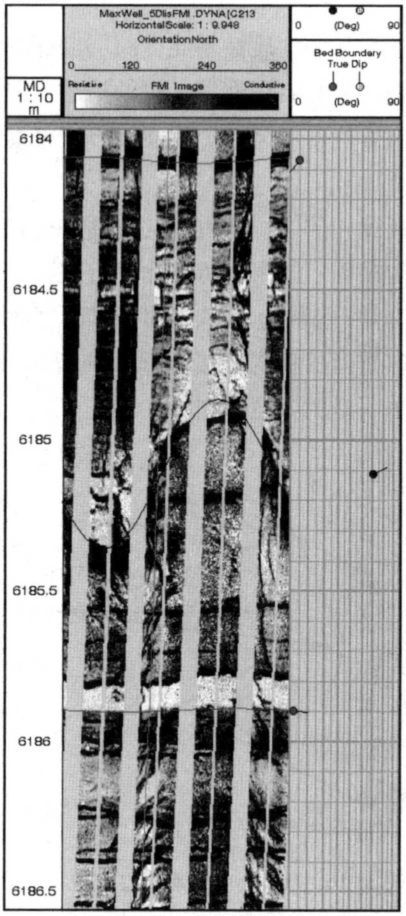

图 3-15　yb271 井长兴组 FMI 测井成果示意图

3.2　基于叠前地震资料检测

鉴于礁滩型储层中的裂缝探测，已有相关成熟的地球物理技术。现阶段，针对裂缝性油气藏的地震预测技术包括：横波勘探、P-S 转换波勘探、多波多分量地震、多方位 VSP、P 波方位各向异性分析等技术。其中最有效的方法应当是横波分裂识别裂缝，不过横波采集和处理的费用高，风险大，限制了其广泛应用。多波多分量地震、多方位 VSP、P-S 转换波技术均有不错的预测裂缝效果，这几种方法不是勘探成本高，就是为非常规地震采集项目，难以在实际生产中推广应用。

裂缝性储层的各向异性与非均质性是此类储层勘探开发的难点所在，关键是对储层中裂缝的方向、密度和开启程度等参数的描述。前人研究证明：地震波在裂缝介质中传播时表现出方位各向异性。因而，可依据地震波的方位各向异性对地下裂缝进行描述。

前人研究表明：在裂缝介质中，地震波的传播特征在不同方位角表现出不同的物性特征，即地震波的振幅、频率与传播途径有关系。这种特征称为地震波的方位各向异性。以 HTI 介质(也称为 EDA 介质，即扩容性各向异性介质)模拟如构造应力产生的空间定向排列的垂直或接近垂直的裂缝(图 3-16)。在裂缝发育带，地震波传播时表现出明显的方位各向异性特征。

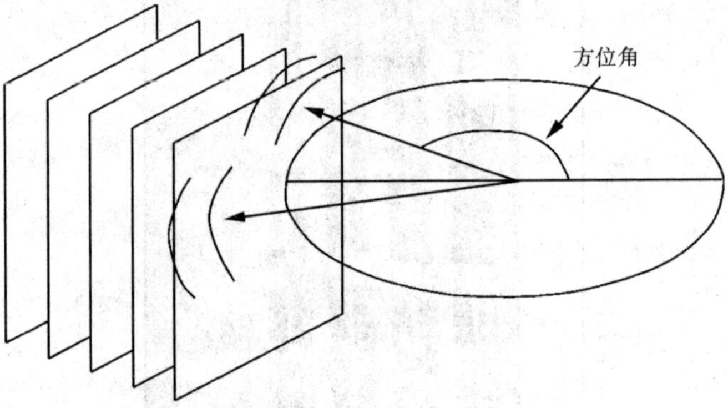

图 3-16　HTI 介质中地震波传播示意图

Kuster 和 Toksoz 研究表明：在相同孔隙度条件的情况下，细小裂缝比圆形孔隙对速度的影响更为显著。在砂岩中小于 0.01% 裂缝孔隙度能导致地震纵波和横波速度降低 10% 以上。因此，裂缝的方向、密度可对纵波和横波速度产生很大的影响并产生较强的地震方位各向异性。裂缝对振幅随方位角变化特征的影响是随偏移距增加而逐渐增加(图 3-17)，较大的偏移距使得由裂缝引起的振幅随方位角的变化变得更加明显。因此，可以利用方位角的振幅随偏移距变化(AVO)属性检测地下裂缝的存在[图 3-18(a)]。尤其当含油气的储层裂缝密度越大，同一偏移距下振幅的方位角变化就越大。由此可见，裂缝引起的地震方位各向异性特征明显，应用叠前地震资料进行裂缝分布的研究是切实可行的。

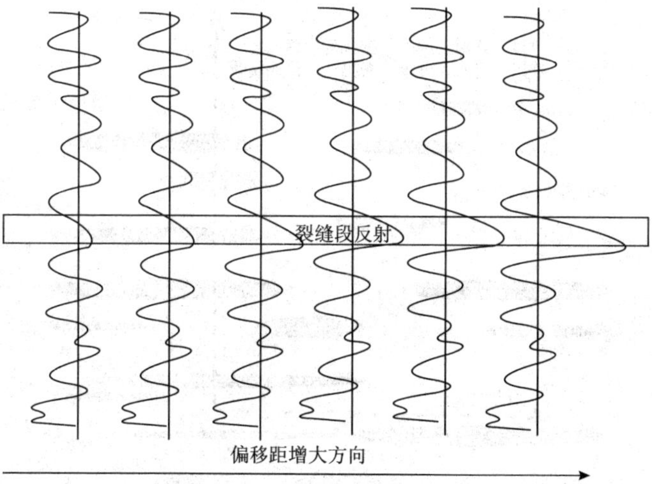

图 3-17　裂缝段反射波形随偏移距变化示意图(同一个方位角)

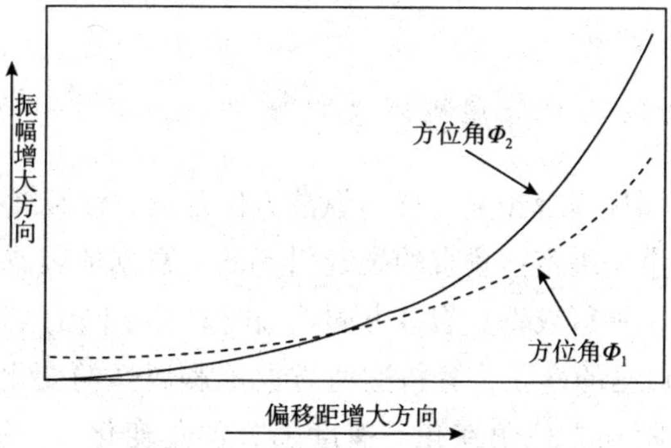

图 3-18(a)　裂缝段反射振幅随偏移距、不同方位角的变化示意图

垂直的裂缝、斜交分布的裂缝和网状结构的裂缝等都是造成地震波在传播过程中的能量衰减和能量不均匀分布的主导因素。高密度裂缝会引起地震波散射增强，并加快地震能量的衰减。裂缝越发育，引起的地震波散射现象越明显，能量变化越大，同时也会造成地震波频率变化。

理论与实际研究均表明：地震 P 波沿垂直于裂缝与平行于裂缝方向传播，其地震波的动力学特征如振幅、主频、衰减等的变化特征与传播方向存在一定相关性[图 3-18(b)]。因而，完全可以利用地震资料提取地震 P 波的方位属性如振幅、速度、主频、衰减等检测储层的裂缝分布特征。

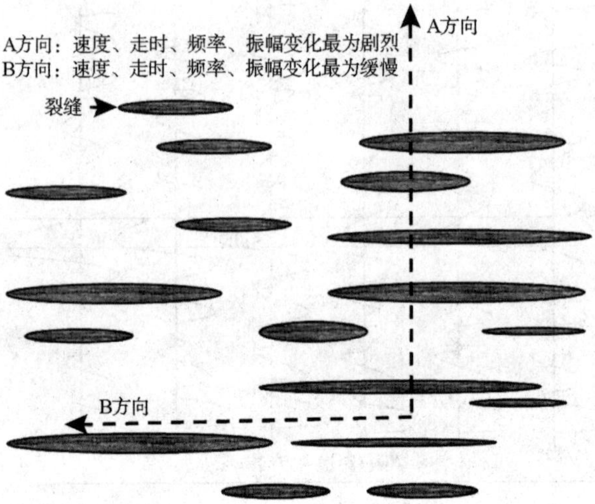

图 3-18(b)　地震 P 波相关属性随与裂缝走向垂直及平行的变化示意图

3.2.1　方位地震 P 波属性裂缝预测

方位地震 P 波属性裂缝预测又称为纵波方位各向异性裂缝检测。如果岩石介质中的各向异性是由一组定向垂直的裂缝引起的，根据地震波的传播理论，当 P 波在各向异性介质中平行或垂直裂缝方向传播时具有不同的旅行速度，从而导致 P 波地震属性随方位角的变化，分析这些方位地震属性的变化(如振幅随方位角变化、振幅随炮检距和方位角变化、速度随方位角变化、传播时间随方位角变化、频率随方位角变化、波阻抗随方位角变化等)，可以预测裂缝发育带的分布以及裂缝(特别是垂直缝或高角度缝)发育的走向与密度。较基于常规叠后地震资料的裂缝检测精度更高，其检测结果与裂缝发育带的微观特征有更加密切的关系。目前方位地震 P 波属性裂缝预测方法主要有：①AVA 分析法；②VVA 分析法；③IPVA 分析法；④FVA 分析法；⑤AVAZ(方位 AVO)分析法。

3.2.2　AVA(方位 AVO)分析法

方位 AVO 又称 AVA。AVA(Amplitude Variation with Azimuth)或 RVA (Refleetion amplitude Variation with Azimuth)是指反射振幅随方位角变化的地震属性。如果岩石介质中的各向异性是由一组定向垂直的裂缝引起，那么，根据地震波的传播理论，当 P 波在各向异性介质中平行或垂直于裂缝方向传播时具有不同的旅行速度，从而导致 P 波振幅相应的变化。AVA 法裂缝预测是利用方位地震数据来研究 P 波振幅随方位角的周期变化，估算裂缝的方位和密度。反射 P 波通过裂缝介质时，对于固定炮检距，P 波反射振幅相应 R 与炮检方向和裂缝走向之间的夹角 θ 有如下关系：

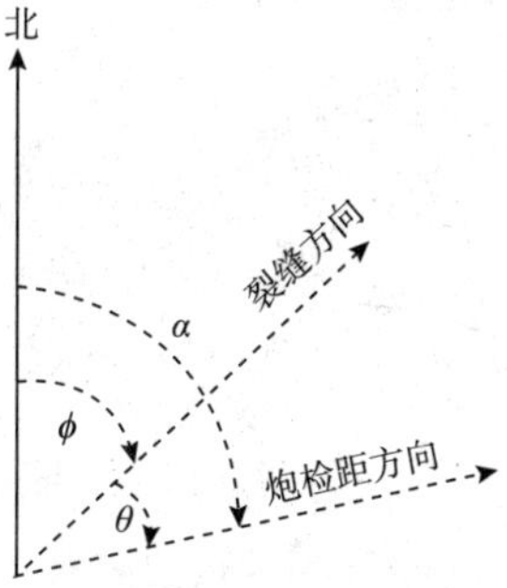

图 3-19　方向夹角关系示意图

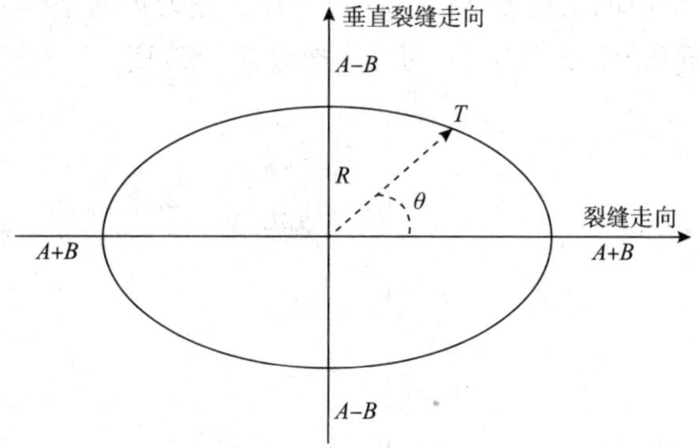

图 3-20　地震反射振幅随方位角变化示意图

$$R(\theta) = A + B\cos 2\theta \tag{3-39}$$

式中，A 为与炮检距有关的偏置因子，B 为与炮检距和裂缝特征相关的调制因子，$\theta = \phi - \alpha$ 为炮检方向和裂缝走向的夹角，ϕ 为裂缝走向与北方向的夹角，α 为炮检方向与北方向的夹角（图 3-19）。仿照简谐震荡特征，式(3-39)中 A 可以看成均匀介质下的反射强度，反映了岩性变化引起的振幅变化；B 可以看成定偏移距下随方位而变的振幅调制因子，其大小决定了储层裂缝的发育程度。当 B 值大，A 值小时，裂缝发育好；当 B 值小，A 值大时，裂缝不发育，因此 B/A 是裂缝发育密度的函数。这种关系可近似用椭圆状图形来表示（图 3-20）。当炮检方向平行于裂缝走向时（$\theta = 0°$），振幅（$R = A + B$）最大；当炮检方向垂直于裂缝走向时（$\theta = 90°$），振幅（$R = A - B$）最小。理论上只要知道三个方位或三个以上方位的反射振幅数据就可利用上式求解 A、裂缝方位角 θ 及与裂缝密度相关的 B，从而得到储层任一点的裂缝发育方位和密度情况。

图 3-21 是振幅随入射方位角变化曲线，从图中可看出当入射方位角为 0°时，反射振幅最大；当入射方位角为 90°时，反射振幅最小。某一特定入射方位角的地震反射振幅可由上式近似计算得到。通常认为裂缝方位角 θ 为稳定的，A、B 值很高的地方被认为是具有经济价值的裂缝带。

在三维地震资料保真、保幅和地表一致性处理的基础上，对动校正三维 CMP 面元道集地震数据体，进行 P 波方位各向异性（AVA）属性处理，其主要处理步骤如下：①扩大面元(又称宏面元组合)；②对道集内的地震道进行方位角定义；③方位角道集选排(按一定角度大小进行方位角划分，形成方位角道集)；④方位角道集叠加处理(对方位角道集内的地震道进行叠加或部分叠加，形成多个三维方位角叠加数据体)和方位偏移处理；⑤储层标定和层位拾取；⑥AVA 处理(对目的层提取 AVA 属性)。在上述处理的基础上再对目的层的 AVA 属性进行分析和沿层裂缝方位(ϕ)、裂缝强(密)度(B/A)计算以及裂缝预测。

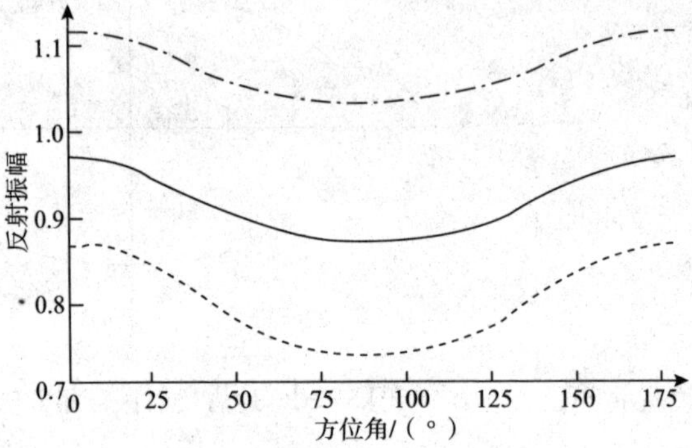

图 3-21　振幅随入射方位角变化示意图

关于沿层裂缝方位(θ)和裂缝强(密)度和(B/A)计算有以下几种方法：

(1)通过公式(3-39)做椭圆拟合，求出背景趋势 A 和各向异性因子 B；利用最大振幅包络方位和对应 θ；求出裂缝发育优势方向；利用 B/A 求解相对各向异性因子，对应裂缝发育的相对密度和幅度。

(2)使用三个方位叠后数据，利用式(3-39)计算裂缝方向 ϕ。已知 ϕ，再用公式(3-39)求取 A 、B 、θ，计算出沿层裂缝方位和裂缝强(密)度(B/A)。

如果在每一个 CMP 道集中，对于每一个固定的偏移距有来自 3 个方位角入射(ϕ、$\phi+\alpha$、$\phi+\beta$)的数据(R_{ϕ} 、$R_{\phi+\alpha}$、$R_{\phi+\beta}$)，裂缝方位角的计算可变成一个定解问题，可利用下式计算：

$$\phi = n\pi + \frac{1}{2}\arctan\left[\frac{(R_{\phi} - R_{\phi+\beta})\sin^2\alpha - (R_{\phi} - R_{\phi+\alpha})\sin^2\beta}{(R_{\phi} - R_{\phi+\alpha})\sin\beta\cos\beta - (R_{\phi} - R_{\phi+\alpha})\sin\alpha\cos\alpha}\right] \tag{3-40}$$

式中，$n=0$，1，2，……。使用每个 CMP 点的三方位叠加数据，式(3-40)给出了裂缝方向的唯一解。

(3)对于叠前地震资料，可以对每个偏移距都使用式(3-39)，求得所有偏移距的裂缝走向，再加权平均，即得到总裂缝走向。

(4)对于三维宽方位角地震资料，在给定的每个 CMP 道集有多个入射方位角地震反射数据时，裂缝发育方向和密度的确定变成一个超定问题。计算方法有两种：LS 法(最小平方拟合法)和 MES(多重确定解法)。

对于超定方程可采用对 CMP 振幅包络的方位角道集做最小平方误差拟合，使目标函数 F 最小化，如式(3-41)：

$$F = \sum_{i=1}^{n} [A + B\cos 2(\alpha_i - \phi) - R_i]^2 \rightarrow \min \quad (3-41)$$

得到 A 、B 、ϕ 及 B/A，ϕ 是裂缝方位角，B/A 是对应裂缝方位角裂缝发育的相对似然性指示，或称为裂缝的相对密度和幅度。

3.2.3 VVA 分析法

VVA (Velocity Variation with Azimuth)是指速度随方位角变化的地震属性。当 P 波在各向异性介质中平行或垂直于裂缝方向传播时具有不同的旅行速度。VVA 法裂缝预测是利用方位地震数据来研究 P 波速度随方位角的周期变化，估算裂缝的方位和密度。反射 P 波通过裂缝介质时，在固定炮检距的情况下，层速度(V)随方位角的变化可简化表达为

$$V(\alpha) = A + B\cos 2(\phi - \alpha) \quad (3-42)$$

式(3-42)中，A 为速度的偏置因子(即地层基质速度)；B 为速度的调制因子(即速度随角度变化量，是裂缝发育密度的函数)；ϕ 为裂缝方位角；α 为测线方位角。式(3-42)同样也可近似用一个椭圆状图形(图 3-22)来表示。式中的 A、B 和 ϕ 可用与 AVA 中相同的计算方法求得。

层速度由旅行时计算而得，不会受到振幅误差的影响。使用非双曲时距曲线及广义 Dix 公式对裂缝性地层的层速度进行分析，可以提高计算的精度。Craft (1997) 指出，对于不同方位角的测线，采用双曲时差独立进行速度分析，可得到叠加速度(NMO 速度)，并可求取均方根速度，再利用 Dix 公式计算出目的层不同方位的层速度。高精度的层速度还可以通过地震反演得到。

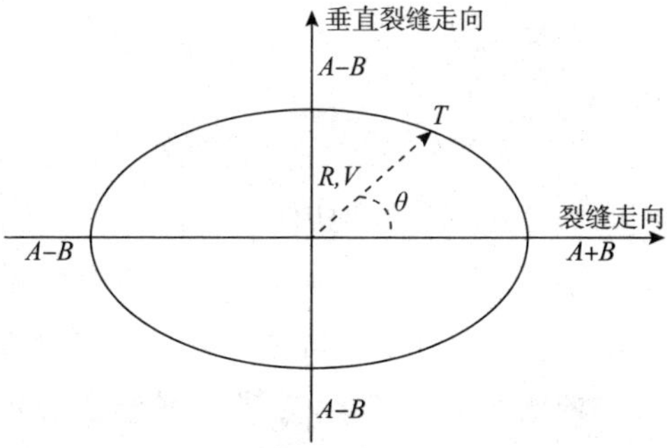

图 3-22 速度随方位角变化示意图

3.2.4 IPVA 分析法

在各向异性介质中，速度是方位

角的余弦函数，波阻抗 IP 也必然是方位角的余弦函数，即：

$$IP = A_{IP} + B_{IP}\cos 2\theta \tag{3-43}$$

方位波阻抗(IP)可以通过方位速度和方位振幅反演求取。如果有 3 个或 3 个以上的方位角波阻抗数据，便可仿照公式(3-40)或(3-41)求解 A_{IP}、B_{IP} 和 θ，而超定问题又可看作是许多正定问题的集合。对求出的许多确切解进行拟合得到 A、B 及 θ 的唯一解，就可得到任一点高分辨率裂缝发育的方位和密度属性。

3.2.5 FVA 分析法

FVA(Frequency Variation with Azimuth)是指频率随方位角变化的地震属性。当 P 波在具有垂直裂缝各向异性介质中平行或垂直于裂缝方向传播时会使地震波频率发生变化。FVA 法裂缝预测是利用方位地震数据来研究 P 波频率随方位角的周期变化，估算裂缝的方位和密度。

3.2.6 AVAZ 分析法

AVAZ(Amplitude Variation with Angle and Azimuth)是地震反射振幅随入射角和方位角变化的地震属性，又称方位 AVO 属性。地震波在各向异性介质中转播时会发生 AVO 属性随方位角的变化，AVAZ(AVOA)法裂缝预测是利用方位地震数据来研究 P 波 AVO 随方位角的周期变化，来检测裂缝(特别是垂直缝或高角度缝)发育的方位和密度。

通过对不同方位角裂缝储层 AVO 模型研究表明：当地震波传播方向与裂缝走向的夹角逐渐增大时，反射系数随入射角的增大而减小；含水平裂缝地层的 AVO 截距逐渐减小，斜率逐渐增大；垂直裂缝地层的 AVO 截距逐渐增大，斜率逐渐减小。

3.2.7 实践计算分析流程

P 波方位各向异性检测裂缝是基于地震纵波信息的一种地震检测方法。当地震 P 波在遇到裂缝地层产生反射时，由于 P 波与裂缝的方位角不同，产生的反射就不同(图 3-23)。利用三维地震资料宽方位角的特点，提取不同方位角的地震 P 波属性，就可以对裂缝的方向与发育程度进行评价。

依据 P 波方位各向异性理论，确定利用地震方位角道集检测裂缝的流程(图 3-24、图 3-25 为裂缝检测示意图)。

(1)对 CMP 道集抽选方位角道集并进行叠加、偏移处理。计算的方位角个数

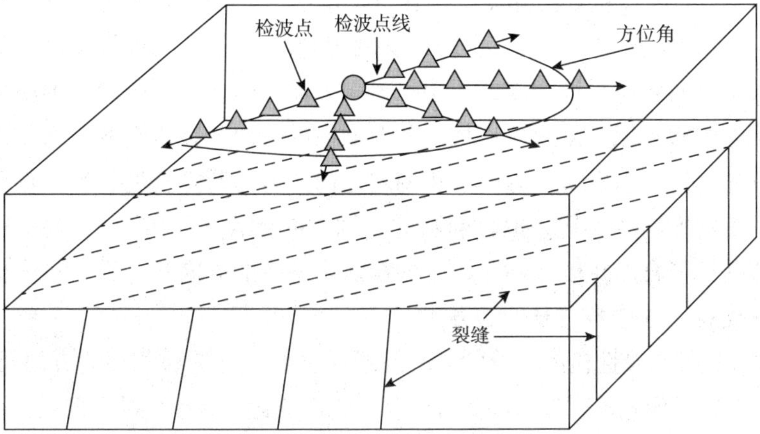

图 3-23　垂直或高角度裂缝储层与三维地震方位数据采集示意图

可选 3～6 个并得到相对应的中心角(方位角范围的中值)，道集要求基本均匀地分布在 0°～180°范围(覆盖次数相对均匀)，地震数据振幅能量相对均一，信噪比相对较高。

(2)地震属性采用经过标定的振幅类数据或频率类数据，如相对波阻抗数据、吸收衰减类数据等，并选定其中一种属性数据进行下一步骤计算。选定合适的属性计算方法，对每一个中心角叠加道集计算相对应的属性数据。

(3)对储层的每个 CDP 点，使用上述各中心角的时窗统计属性值进行椭圆拟合，计算出 3 个特征值：椭圆长轴长度、短轴长度及其与 X 轴的夹角。然后获得椭圆扁率(长轴/短轴)。

(4)根据正演模拟结果，判定方位振幅椭圆的长短轴如何指示裂缝方向。椭圆扁率通常指示裂缝密度的发育程度。

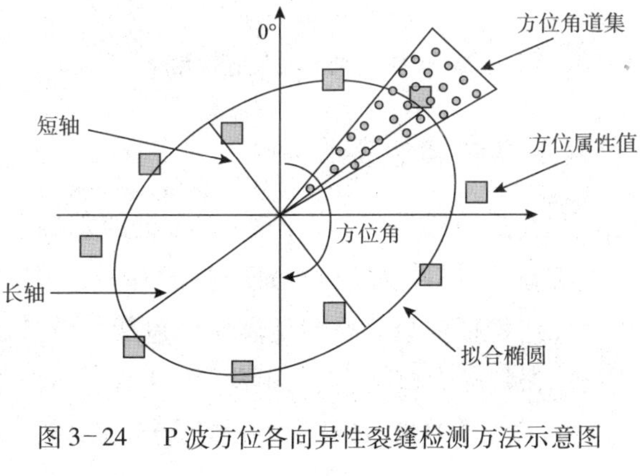

图 3-24　P 波方位各向异性裂缝检测方法示意图

实质上，P 波方位各向异性分析就是将每一个采样点上不同方位角(中心角)的地震信号(地震振幅、属性值)进行椭圆拟合。一方面，椭圆长短轴的比值代表了该采样点的各向异性强度的大小；另一方面，结合储层裂缝段岩石物理正演结果，从方位椭圆拟合结果可以确定各向异性的方向。在岩石物理模型的正演模拟时，首先假定高渗发育带方向为正南北走向，若椭圆拟合的长轴方向与假定的高渗发育带的方向相一致，拟合椭圆的长轴方向就代表了方位各向异性的方向。反之，若椭圆拟合的短轴方向与假定的高渗发育带的方向相一致，拟合椭圆的短轴方向就代表了方位各向异性的方向。

P 波方位各向异性检测裂缝的核心问题在于如何分析检测裂缝方向及其密度。储层中裂缝造成地震反射波振幅随方位角变化而变化，在裂缝的走向与法向振幅差异大，可以利用振幅属性差异确定裂缝走向方向；储层裂缝发育或者充填流体之后，地震波波动特征属性沿裂缝走向与法向，尤其是地震波高频成分衰减不同，可依据衰减属性或频率属性变化特征检测裂缝强度，特别是开启裂缝密度。

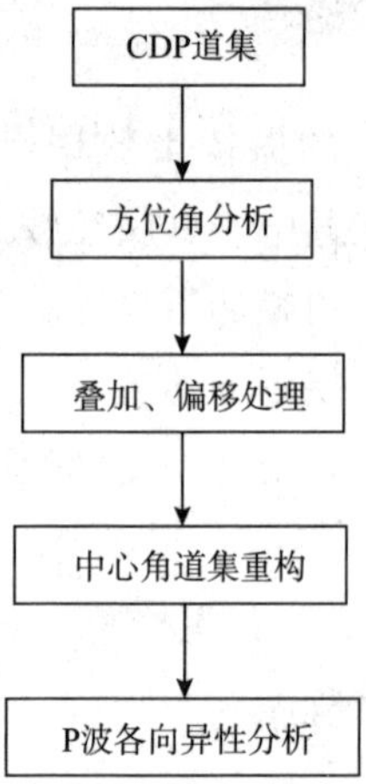

图 3-25　P 波各向异性裂缝检测流程图

3.2.8　方位地震 P 波属性应用实践

叠前地震属性是在叠前地震道集(或角道集)数据的基础上，经过地震反演(包括 AVO 反演、地震弹性波阻抗反演)处理得到的有关地震波的运动学、动力学和统计学特征以及几何特征信息。叠前地震属性包括：纵波速度、横波速度、纵横波速度比、密度、振幅随炮检距(或入射角)变化量、纵波阻抗、横波阻抗、弹性波阻抗、截距、梯度、烃类指示因子、流体因子、泥质百分含量、孔隙率、泊松比、拉梅系数、体积模量、剪切模量以及一些复合参数等。地层中裂缝的存在会造成一些叠前地震属性的变化，利用这些对裂缝敏感的叠前地震属性可以预测出地层中的裂缝发育带及其含油气性。

在涪陵、元坝地区长兴组的碳酸盐岩裂缝预测中先通过岩石物理正演模型的研究，可以建立储层岩石物性的理论模型以及理论上该模型所产生的地震各向异性响应特征。

1)建立储层各向异性岩石物性模型

建立地震各向异性岩石物性模型的主要目的是建立起岩石弹性模量与裂缝参数(密度、所含流体、裂缝宽度与长度比)之间的关系。根据等效介质理论，将含裂缝岩石的等效柔度张量定义为岩石骨架的柔度张量和裂缝引起的附加柔度张量之和。如果裂缝的排列具有轴对称性(即平行发育的裂缝)，那么裂缝总体柔度张量可视作两部分之和(Hudson 和 Li，1999；Liu 和 Li，2000)，即裂缝法向柔度张量和切向柔度张量。这两个张量可与 Hudson's 裂缝模型建立理论关系(Hudson，1981；Hudson 等，1996；Shen 等，2002)。得到了裂缝的总柔度张量就可以进行弹性系数的反演，由反演得到的弹性系数可以计算各种弹性模量，如岩石的体变模量、切变模量和拉梅系数等。我们首先要计算研究区域内的理论地震反射振幅。计算反射振幅的方法之一是依据精确的反射和透射系数公式（Fryer and Frazer，1984)，另外也可以根据基于弱各向异性和弱反射界面的假设下得到的近似公式(Li 等，1996；Rüger，1996，1998)。

水平层状介质的成层构造易形成具有垂直对称的侧向各向同性介质(VTI)，而垂直排列的裂缝组成的岩石可形成水平对称轴的侧向各向同性介质(HTI)，对这种 TI 介质，它们需要 5 个独立的弹性系数来描述它们的各向异性特征。当构造引起岩层倾斜后，这些介质将不再是 VTI 和 HTI 介质，而是任意各向异性介质，它们需要 21 个弹性系数来描述它们的各向异性。而岩层倾斜是常见的构造现象。因此，可以开发能计算任意各向异性介质的岩石物理模型，它能准确地提供具有构造特征的各向异性介质的地震响应。

在 P 波各向异性正演模拟研究中，要建立裂缝储层的地质模型和弹性介质模型。要建立裂缝岩石的岩石物理模型，需要知道岩石的纵横波速度和密度。得到了井中的纵横波速度和岩石密度资料后，要根据岩石物理模型计算井中含有裂缝的储层段的岩石的弹性张量和与各向异性等效的 Thomsen 指数，从而了解裂缝对各向异性的岩石物理参数的影响。通过得到的井中裂缝的向异性的参数，计算叠前地震反射在各个方位角的响应，并计算各向异性的地震反射振幅与裂缝定向的关系。这一计算提供了裂缝在井旁地震道的地震响应，包括叠前 AVO 特征和 P

波各方位角的 AVO 特征，以及在裂缝影响下的 AVO 特征随方位角的变化规律。通常岩石中裂缝的密度、裂缝的宽度和所含流体的成份都是影响地震 P 波各向异性的因素。地震各向异性的幅度随着裂缝密度的增加而增加，不同流体对地震各向异性的响应也有不同的影响。对于含油和含水的裂缝储层而言，由于水和油的弹性体变模量相近，因此，裂缝密度的影响不会明显。P 波各向异性正演模拟可以帮助我们了解各向异性的地震响应特征与裂缝的密度、空间定向及所含流体的关系。这为我们利用地震资料的分析结果提取裂缝的信息提供了理论的依据。

2）储层 P 波各向异性的响应

储层段内如有裂缝发育，零偏移距的地震合成记录和各方位角的叠前合成地震记录与实际地震记录均有很好的对比。正演模型演示是用归一化的反射振幅随入射角的 AVO 响应来定量地描述裂缝引起方位角的振幅变化特征，并用各入射角上振幅方位椭圆与裂缝分布关系来定性说明如何用振幅方位椭圆的长短轴来确定裂缝的定向。从元坝地区的 yb12 井的长兴组滩相裂缝（设计裂缝密度值为 15%）含气时（图 3-26），各个方向的振幅 - 入射角拟合曲线呈明显分离状——P 波各向异性明显，从曲线上也能看出当储层裂缝含气时，振幅随入射角（偏移距）的增大而减小；另外，对 yun18 井的长兴组裂缝储层（设计裂缝密度值为 15%）实施 P 波各向异性正演研究（图 3-27），所得结果与 yb12 井相同。两井的正演结果表明，礁滩相碳酸盐岩储层段裂缝含气时反射振幅随偏移距（入射角）的增大而减小。

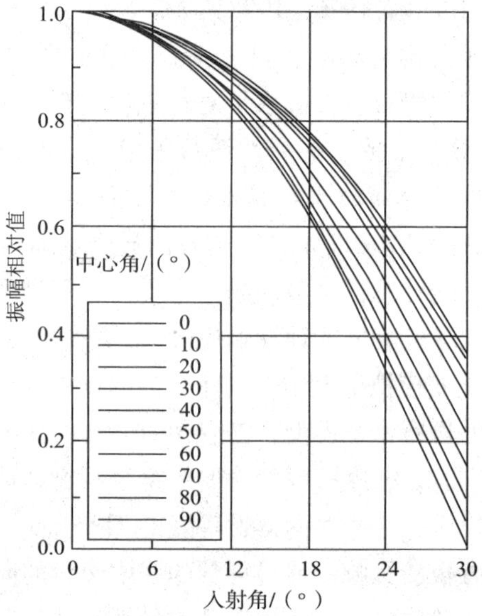

图 3-26　yb12 井长兴组裂缝储层含气段岩石物理模型正演结果

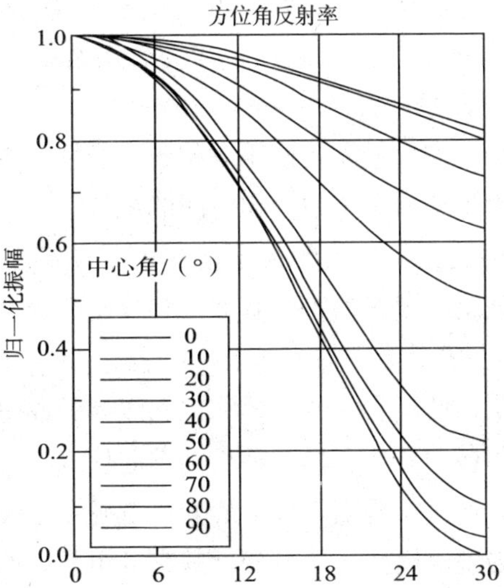

图 3-27　yun18 井长兴组裂缝储层含气段岩石物理模型正演结果

裂缝储层含不同流体性质是影响地震各向异性的重要因素之一，我们也模拟了含水裂缝储层段多方位角叠前地震合成记录，当裂缝是水饱和的，地震各向异性振幅椭圆与裂缝定向的关系与含气裂缝储层的关系是一致的，差别仅仅是地震反射振幅方位椭圆扁率的差异。当裂缝的密度相同时，含水裂缝储层的振幅方位椭圆扁率较含气的小，并且各向异性强度相对减小。但与裂缝密度影响相比较，裂缝密度对方位角地震反射振幅变化影响更大。总的来说，不能利用 P 波各向异性来区分含水或含气的裂缝储层。

对 yb12、yun18 井的正演模拟研究可以更好地帮助我们理解裂缝型礁滩储层的地球物理响应，了解方位角的振幅随偏移距变化与裂缝性质的关系。同样，还可以了解含不同流体的裂缝是如何影响叠前振幅随偏移距的变化。更重要的是，叠前准确的合成记录能提供准确的叠前地震波波场及振幅、频率和相位的特征，为我们研究具有物理意义的地震属性参数及它们对裂缝的敏感性提供了反演的依据。这些研究将是探测和解释裂缝储层的基础。

3）P 波属性各向异性计算

裂缝的分布是控制生产井产能和地下流体流动的主要因素，实际操作中主要是通过 P 波属性的各向异性分析来检测裂缝的特征，而在方位角 P 波属性的各向异性计算方面，主要是分析方位角的地震振幅和方位角的频率属性随方位角的变化情况，以及该变化与裂缝强度之间的关系，进而为裂缝解释提供地球物理的依据。在裂缝分析中，主要依据振幅随方位角的变化来确定裂缝的定向，而衰减属性(频率属性)随方位角的变化主要是用来作为确定裂缝密度强度尤其是开启裂缝密度强度的手段之一。

根据正演模拟结果，如果地震反射振幅的各向异性是由裂缝引起的，则方位振幅椭圆长轴方向就大致地指示了裂缝在空间的统计定向。计算中可定义振幅椭圆的扁率为长轴与短轴之比，该值的大小就代表了地震反射振幅的各向异性强度。振幅的各向异性强度与裂缝的密度有关，裂缝密度越大，各向异性振幅的强度就越大。

正演模拟研究表明，储层岩性的差异和饱和流体的成份都会影响振幅随方位角变化的强度。我们用各向异性振幅椭圆长轴方向代表裂缝方向，振幅椭圆扁率代表轴线长度，这样，通过振幅随方位角的变化就确定了裂缝在空间的定向和地震波振幅各向异性的强度。同样，即可分析其它各组裂缝的分布特征。但要准确地描述裂缝在储层范围内的密度分布，需要在裂缝解释的约束下进行综合的地震属性分析。

依据各向异性理论探测高角度裂缝带，在利用全方位覆盖的近—中等偏移距的纵波地震数据时，要尽可能减少由地震数据方位覆盖的不均匀而带来的地震数据的偏差。岩石物理正演模拟的研究可以用于指导和解释地震资料的分析结果，我们利用测井分析来确保模拟结果的实际应用和统计关系的物理意义。

4)方位角划分

对元坝地区地震道集的分析(图3-28)，得到该区的地震道集也属于窄方位地震数据。我们对元坝地区的地震道集资料进行了划分方位角范围的处理，选取了6个方位角的地震数据体，方位角范围设定分别为0°~20°、20°~40°、40°~90°、90°~140°、140°~165°、165°~180°，其相对应的中心角为10°、30°、65°、115°、152°、172°，共计6个方位角数据体，每个方位角数据体均设定炮检距为300~3800m范围内动校正后的道集数据进行叠加、偏移处理，再对选取的6个方位角地震数据体进行标定和消除子波的影响处理。大量勘探研究资料表明：接近零偏移距的数据道，其地震各向异性强度非常弱，甚至其各向异性强度为零，这对裂缝分析是没有意义的；而较大偏移距(偏移距末梢)的道，各个方位角的叠加次数分布不均匀，信噪比很低，这些会造成伪各向异性。因此，去掉小偏移距和较大偏移距的地震数据，以保证各个方位角地震数据的覆盖次数基本一致，这是做好方位地震P波属性分析的前提条件。

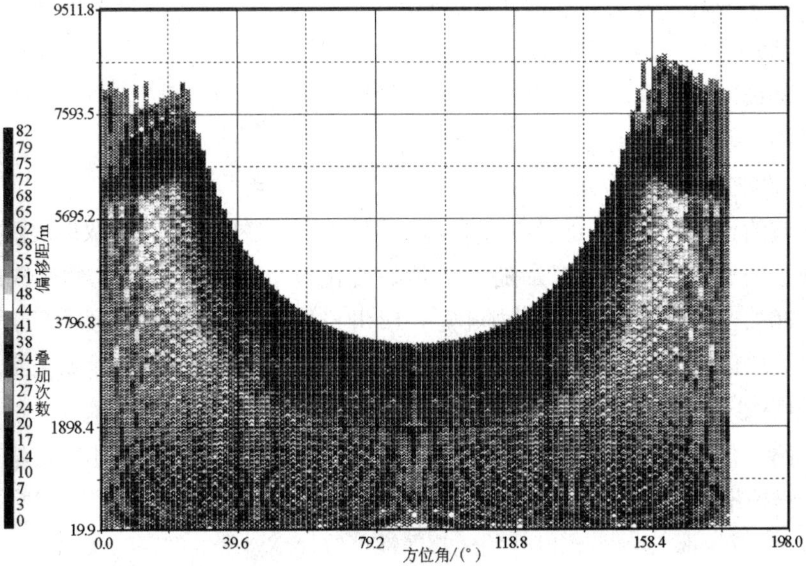

图3-28 元坝地区地震道集数据的方位角、叠加次数、炮检距三者关系及方位角范围划分示意图

此外，通过对涪陵地区地震采集观测系统进行分析(图 3-29)，初步确定了方位角划分方案，每个方位角数据体的偏移距限制在 100～3060m 并进行叠加、偏移处理后，得到 4 个中心角偏移数据体：方位角划分范围分别为 0°～30°、30°～90°、90°～150°、150°～180°，对应的中心角分别为 15°、60°、120°、165°，再对各个中心角偏移数据体按 CDP 点进行数据重构并计算相关属性，然后再进行 P 波各向异性计算。

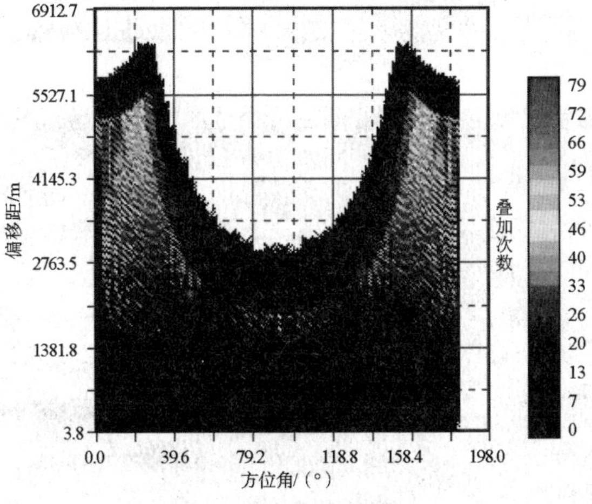

图 3-29 涪陵地区地震道集数据的方位角、叠加次数、炮检距三者关系示意图

从各个中心角道集处理剖面可以看出：一方面，不同中心角道集其地震剖面中过井已知裂缝段的反射特征不尽相同，这正是对 P 波各向异性的响应；另一方面，地震剖面信噪比高、分辨率高，特别是处理保幅效果好，这些都有利于后续裂缝检测。

5）P 波属性随方位角变化的分析及成果解释要点

垂直的和高角度分布的裂缝会造成地震波速度的各向异性，导致地震反射振幅随方位角的变化。因此，振幅随方位角的变化分析已成为一种检测裂缝的工具（图 3-30），从图中的黑色方框内可见 yb12 井已知的滩相裂缝储层段的反射振幅随不同的方位角变化而产生强弱变化。储层的频谱成像及波形分类技术研究揭示了普光、元坝地区内碳酸盐岩沉积特征及相带，礁滩相沉积形成了这些地区的储集体在空间上的分布，储层在区域上具有的非均质性，也是导致各向异性的振幅反射特征，为准确地预测对油藏开发有影响的裂缝的强度，尤其是在缺少相关井资料的约束条件下，利用除反射振幅以外的地震属性可以提高对裂缝解释的认识。

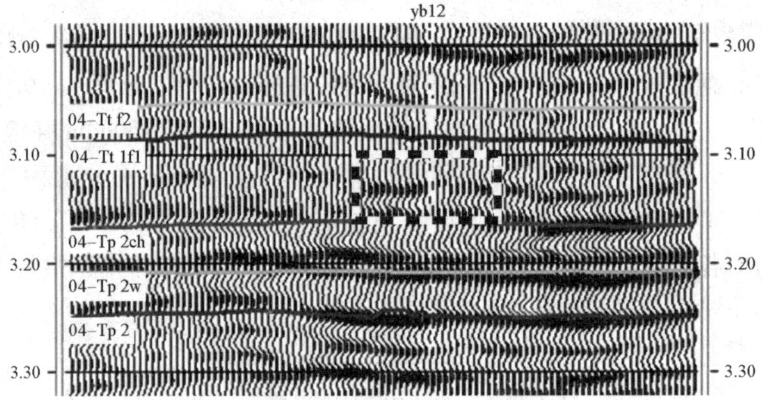

（a）中心方位角10°

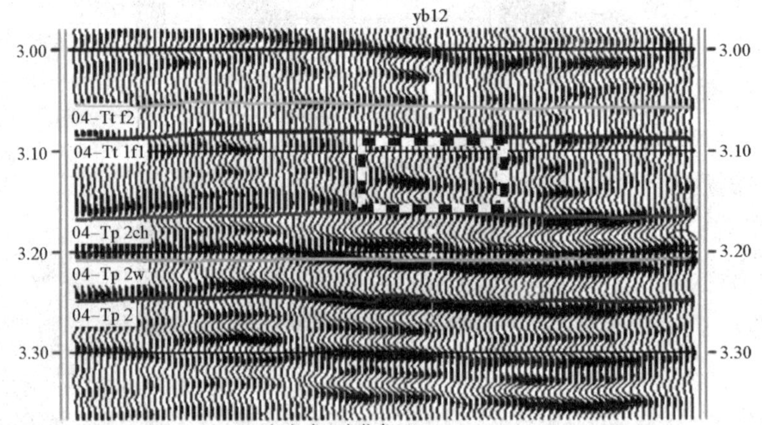

（b）中心方位角30°

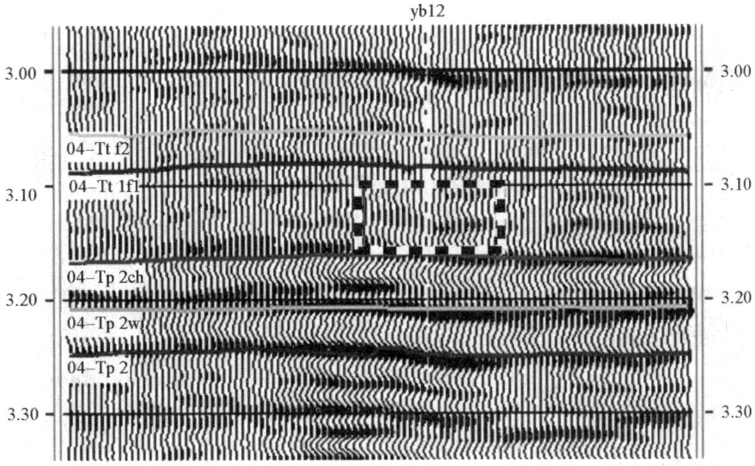

（c）中心方位角65°

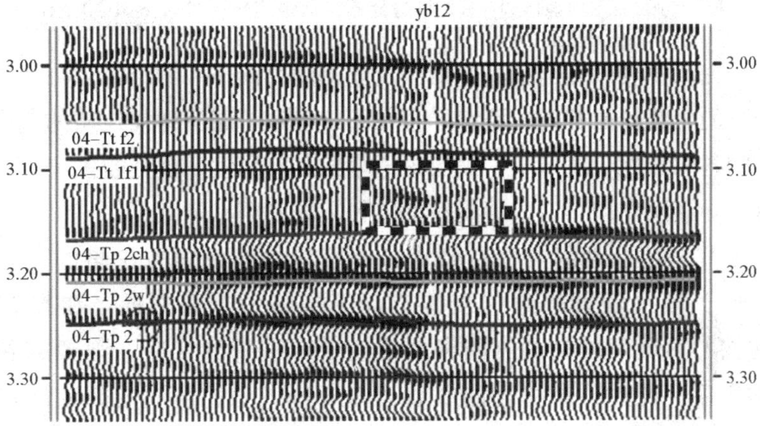

（d）中心方位角115°

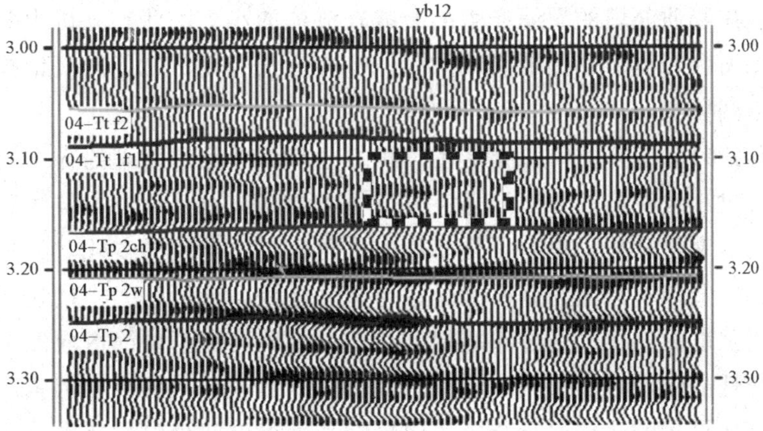

（e）中心方位角152°

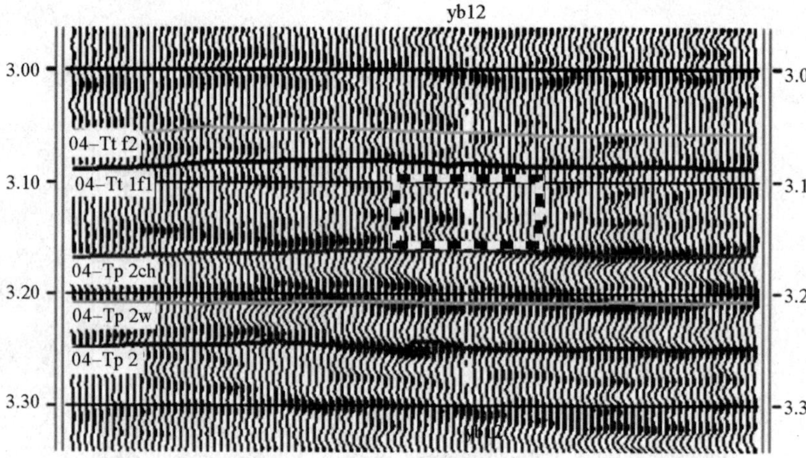

（f）中心方位角172°

图3-30　元坝地区过yb12井的分方位角地震数据处理成果剖面图

模拟研究表明衰减是与波场散射和流体流动共同作用的结果，可渗透的区域与明显的波的衰减特征有关。裂缝的存在不仅导致了储层弹性性质的各向异性和流体分布的各向异性，还造成了储层渗透率的各向异性。裂缝越发育，含油气的饱和度越大，衰减作用会造成地震波的能量减弱和频率降低。

理论研究表明，裂缝的存在会造成地震波的频率随方位角的变化，在裂缝法向方向，频率随方位角的衰减不同于裂缝的走向方向。在裂缝法向方向，地震波的衰减强度与裂缝的密度成正比，裂缝越发育，则频率随方位角变化就越明显。此外，裂缝含油气后，由于油气对地震波的高频能量的衰减作用，也使地震波频率降低。由于裂缝中充填的矿物的弹性模量较流体的大得多，被矿物质充填的裂缝产生的衰减较流体的小。因此，分析由裂缝的发育和内部所含流体引起的地震衰减属性随方位角变化，就能间接地描述开启裂缝的空间分布。

为得到频率随方位角的变化在空间的分布，对经过处理的6个方位角数据体，通过小波变换的算法计算各方位角的频率，对计算的方位角频率进行了方位角的变化分析，得到了频率的方位角椭圆在空间的变化。根据理论研究结果，定义频率椭圆的扁率为长轴与短轴之比，该值的大小代表了频率的各向异性强度。这样，通过频率随方位角的变化确定了裂缝造成的地震波衰减各向异性的强度。由于饱和的油气是引起地震波衰减的重要因素，由方位频率椭圆所描述的地震波衰减的各向异性强度可以间接地判断含流体的开启裂缝在空间的大致分布。

在构造顶部裂缝应该是最发育的，但是构造顶部并不一定是开启裂缝最发育的位置。由于水的溶蚀作用或岩性的变化，开启裂缝有可能在斜坡带上是最发育的。要准确地描述裂缝的密度在储层范围内分布，需要在裂缝解释的约束下进行综合的地震属性分析。

方位角频率分析结果与方位角振幅分析结果在物理意义上是不同的，因此对裂缝的解释也存在区别。一般来说，裂缝引起的地震波速度的各向异性是导致地震反射振幅的各向异性特征的主要原因，所以这就是方位角振幅分析检测裂缝的主要依据。

地震振幅与地下反射系数密切相关，反射界面两侧地层的地震波速度和岩石的密度是影响反射系数十分重要的因素。岩性在空间的变化及非储层的非均质性对裂缝的影响，会表现得尤为突出，故在利用与方位角有关的振幅分析来检测裂缝过程中，要充分考虑到这一点。

方位角频率分析主要依据裂缝引起的地震波高频衰减的各向异性所导致的地震反射频率的各向异性特征来检测裂缝的，因此，储层内的裂缝分布和所含流体对地震波的衰减是影响频率随方位角变化的十分重要的因素。尤其是当储层含有油气时，储层物性和所含流体会使各向异性的地震波衰减特征变得更加明显，从而使各向异性频率变化越强。在利用与方位角有关的各向异性频率分析来检测裂缝的过程中，由含油气的开启裂缝造成的地震波的衰减特征，会表现得尤为突出。

6)碳酸盐岩裂缝检测实践

(1)元坝地区长兴组礁滩储层。

首先沿层提取P波方位各向异性检测(FVA方法)所计算的裂缝因子值，利用沉积相或地震波形分类所得到的礁滩体沿层(长兴组顶)切片所刻画出来的礁滩相边界线数据对该平面进行投影，对平面上的裂缝因子值进行外切除(保留礁滩相边界线内部数据)得到长兴组礁滩储层的裂缝因子平面图(图3-31)。根据平面图上的裂缝因子分布情况进行分析，礁滩相储层的微裂缝以西部最为发育，其次，礁带上的微型裂缝也相对发育；滩相储层则局部表现出微裂缝不发育的情况，推测对于两者的含气程度来说，礁相比滩相更为富气。

图3-31中yb21井区的裂缝相对不发育(裂缝因子小于1.041，图中的灰黑色区域)，该区域分布面积较大；yb27井区的裂缝相对发育(裂缝因子大于1.041，图中的灰白色区域)，裂缝强发育区域呈块状、不规则状展布，总体上分布的规律性较差；而yb12井附近的滩相区域，裂缝发育区呈小面积的斑块状分

布，裂缝发育强度应该不大。另外，从过井的裂缝因子剖面上看(图3-32)，裂缝在垂向上呈小型斑块状分布(图中的灰黑色区域)，以礁内的微裂缝相对发育，整体上分布的规律性较差。由于元坝地区礁滩相带内大型裂缝如断层不发育，总体上裂缝发育强度相对来说西部裂缝比中部稍强，由此可推测西部的含气礁滩储层相对发育(厚度、富气程度)，在区域构造应力的作用下礁滩相储层更易于发生微裂缝，这些成果也被后续的钻井资料证实。

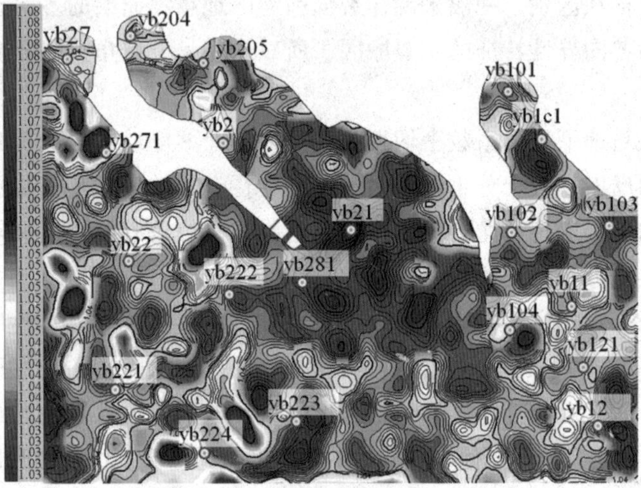

图3-31　元坝地区长兴组顶部礁滩型储层段裂缝因子平面分布图

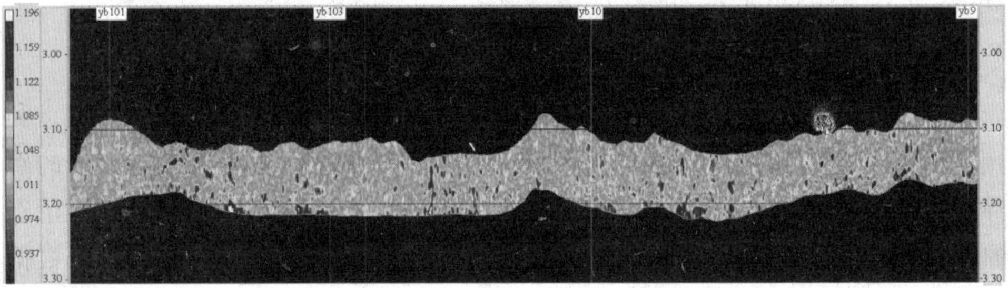

图3-32　过yb101、yb103、yb10、yb9井的长兴组礁滩型储层裂缝因子剖面图

(2)涪陵地区长兴组礁滩储层。

利用与元坝地区长兴组的P波方位各向异性检测裂缝的计算模式及显示方法，进行相关操作得到涪陵地区长兴组礁相储层的裂缝因子平面图(图3-33)。根据平面图上裂缝因子值大小的分布情况进行分析，涪陵地区礁相储层的微裂缝发育的规律性整体上较差，呈斑块状分布，靠近两侧大型逆断层的微裂缝在区域上

局部发育(图中的灰白色区域)。yun18 井区的裂缝相对发育(裂缝因子为 1.18)，与井资料相吻合，但该裂缝发育于泥质灰岩中，造成该井的长兴组段含气情况不理想；xl1 井区的裂缝相对发育(裂缝因子为 1.15)，该区域裂缝发育呈长条状、不规则状展布，纵向上及平面上可局部沟通周围的礁相储层(礁盖白云岩)。

从过 xl1 井的裂缝因子剖面图中来看(图 3-34)，所预测的结果与测井及地质资料的结果相吻合(图 3-35)，较强的裂缝因子层段(①、②号层段，图中灰白色区域)对应于井中的裂缝发育层段(表 3-2)。总体上礁滩相储层的微型裂缝发育规律性较差，但礁相的微裂缝比滩相的裂缝相对发育，所以，礁相地层比滩相地层相对来说更有勘探价值。

表 3-2　xl1 井长兴组裂缝发育情况分析

井名	图 3-34 中裂缝层段编号	图 3-34 中裂缝层段裂缝因子平均值	裂缝发育情况
xl1 井	①	1.075	微细裂缝相对发育，被泥质或有机质全充填或半充填
	②	1.122	斜裂缝 8 条，纵裂缝 26 条，横裂缝 8 条，被泥质或有机质全充填或半充填

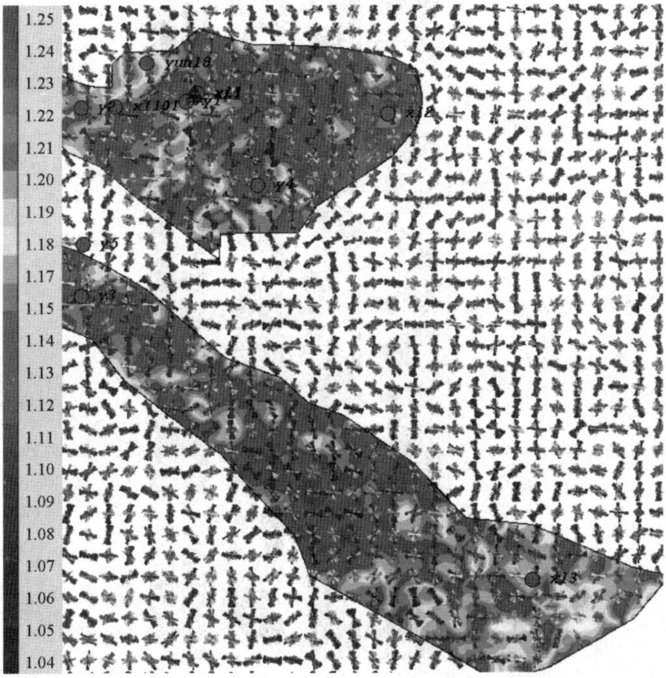

图 3-33　涪陵地区长兴组顶部礁盖白云岩裂缝因子平面分布图

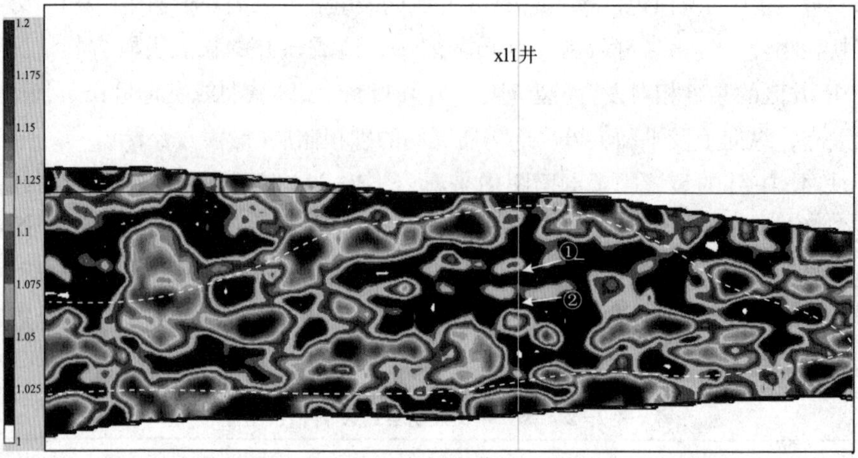

图 3-34　过 xl1 井的长兴组裂缝因子剖面图(虚线为生物礁部位)

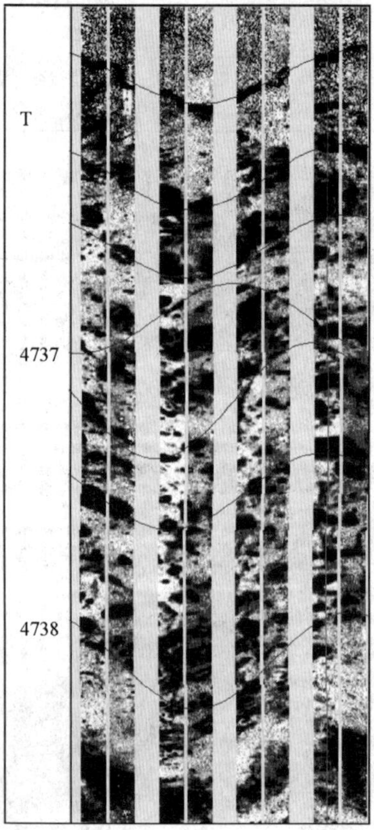

图 3-35　xl1 井长兴组 FMI 测井成果示意图(裂缝 + 溶孔发育)

4　礁滩相含气检测

储层含有不同的流体时，具有不一样的物理性质，并且在地震属性上有一定的差异反映。近年来应用地震资料预测储层的技术，随着计算机技术的巨大进步而得到飞速的发展。特别是储层含流体预测，是当今地球物理学界一个热门的研究话题。

在大量的油气勘探实践中发现，不同的储层可以含有不同的流体，通常流体可有三种不同的类型——油、气、水。一般情况下，这三种类型在储层中呈相互共存的状态。这三种流体在物理性质上具有一定的区别，可以进行识别。从密度来说，气的密度比油小，而油的密度比水小。所以，在地球重力的作用下，假设在同一个储层应该呈现出气在高部位，油居中而水在低部位的特点(图 4-1)。

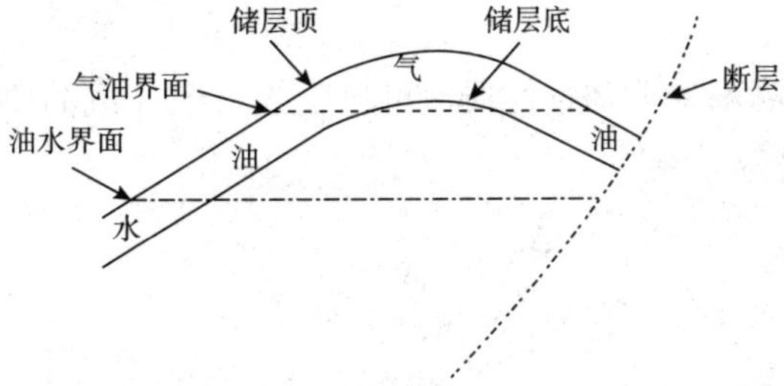

图 4-1　储层中的气、油、水分布形态示意图

大量礁滩相储层勘探实践表明，礁滩储层中所含的流体(油、气、水等)会造成地震波的反射特征出现变化。利用相干、波形分类、叠后弹性波阻抗反演等技术不能很好地识别出礁滩相储层所含的流体类型，在四川盆地油气勘探中发现有些礁滩储层含水，这会造成油气开发上的一些困扰。所以，对礁滩储层进行相关的含气性检测或流体识别相对重要，避免对其进行开发时钻遇含水的礁滩储层。

纵观现阶段利用地震资料进行流体检测的技术，均使用基于叠前道集及叠后地震数据来作为输入，并有相关的成熟商业软件及计算方法来实现检测。现在对基于叠前道集及叠后地震数据的流体检测技术分述如下。

4.1 基于叠后地震资料检测

裂缝、溶孔以及其含油气性都会引起储层的孔隙度、饱和度、层速度和地震振幅、频率等属性的变化，从而引起地震吸收系数的变化。因此，利用地震能量吸收分析技术预测含流体的礁滩型储层的发育情况是可行的。

1)波在岩石中传播的吸收衰减属性

一般认为双相介质岩石由固体骨架和充满流体的孔、洞、缝组成。波在岩石中传播因摩擦(粘滞性、热传导)要损耗能量，固体质点运动也要损耗能量，统称内摩擦或内耗。内摩擦与应力循环有关，比如纵横波有周期性，应力变化也有周期性，在纵波传播的疏密带中，密带为压应力，则疏带就表现为张应力，如果单元体积内含有流体，且有缝隙与外界沟通，则会发生流体在压应力和张应力的交替作用下，出现流体向单元外排出和向单元体内流进的现象，显然要消耗、损失能量。这说明波的衰减与周期(或频率)有关。

设 Δw 为一个周期内损耗的能量，w 为该周期内岩石应变达到极大时所贮存的能量，则 $\Delta w/w$ 定义为岩石能量的“损耗比”，$\Delta w/w$ 可通过较缓慢的加载和卸载实验测得。

损耗比反映了岩石的非弹性性质。可用吸收系数 α 或品质因子 Q 来度量。α 和 Q 有如下关系式：

$$\frac{\Delta w}{w} = \frac{2\pi}{Q} = \frac{4\pi V\alpha}{\omega}$$

$$\frac{2\pi w}{\Delta w} = Q = \frac{\omega}{2V\alpha}$$

$$\frac{\omega\Delta w}{4\pi V w} = \frac{\omega}{2VQ} = \alpha \tag{4-1}$$

式中，V 为波速；ω 为圆频率，$\omega = 2\pi f$。

2)衰减系数 α 的度量

设波的初始振幅为 A_0，传播 x 距离后，其振幅 A 为：

$$A(x) = A_0 e^{-\alpha x} \tag{4-2}$$

则有，

$$\alpha = -\frac{1}{x}\ln\frac{A(x)}{A_0} = -\frac{1}{A(x)}\frac{dA(x)}{dx} \tag{4-3}$$

α 的单位为奈培/米或 Np/m。也可用分贝表示：$\alpha[\mathrm{dB/m}] = -\frac{20}{x}\log\frac{A(x)}{A_0}$，且 $\alpha[\mathrm{dB/m}] = 8.686\alpha[\mathrm{Np/m}]$，$\alpha[\mathrm{Np/m}] = 0.115\alpha[\mathrm{dB/m}]$。

在平面波的描述中常设

$$A(x,t) = A_0 \mathrm{e}^{i(kx \pm \omega t)} \tag{4-4}$$

若设波在传播过程中有衰减，有时令 K 为复数，即 $K = K_r + i\alpha$，式中 α 为衰减系数，则上式变为

$$\begin{aligned} A(x,t) &= A_0 \mathrm{e}^{-\alpha x} \mathrm{e}^{i(K_r x \pm \omega t)} \\ &= A_0 \exp\left(\frac{-\omega x}{2VQ}\right) \mathrm{e}^{i(K_r x \pm \omega t)} \end{aligned} \tag{4-5}$$

在考虑波的吸收衰减的正演模拟中，常用此式。

3）衰减和储层矿物成分及孔、洞、缝等的关系

地震波在岩石中的衰减比在矿物中的衰减大，因为岩石（岩体）中有孔、洞、缝的结构面。大量的实验证明，孔隙、裂隙、孔洞对波衰减很大，由于不同岩类的致密程度不同，对波的衰减也不同，岩石越致密 Q 值愈大，衰减系数（α）小；岩石愈疏松，Q 值愈小，衰减系数（α）愈大。例如方解石（矿物）的 $Q = 1900$，而石灰岩（岩石）的 $Q = 200$，两者相差近 10 倍。当然，不同岩石的 α 值最大可相差 107 倍。

在式（4-5）中我们假定波数 $K = K_r + i\alpha$，可否再假设 $\omega = \omega_r + i\beta$，或者再假定相速度

$$V = \frac{\omega}{K} = V_r + ir \tag{4-6}$$

如果是这样，则 α，β，γ 均是不同意义的衰减常数，式（4-5）可重写为：

$$A(x,t) = A_0 \mathrm{e}^{-\alpha x} \mathrm{e}^{-\beta t} \mathrm{e}^{i(K_r x + \omega_r t)} \tag{4-7}$$

式（4-7）说明波随距离 x 和时间 t 的增大都是要衰减的。这与实际情况是相符的，与速度的色散也是相符的。一般情况下，认为波的衰减（α 或 β）与频率成正比，即低频波传得远，时间长；高频波传不远，时间短。

衰减与频率的关系有两种：

$$\alpha \sim f, \alpha \sim f^2 \tag{4-8}$$

后者适用于较疏松的岩石或土壤。此外，随温度升高，衰减加大；随压力升高，衰减减小。压力的影响大于温度的影响。

4）衰减的测量

波衰减的测量比较复杂、困难，因为衰减与地层岩石本身的性质有关，还与

传播距离、球面扩散等因素有关，要得到与岩石性质有关的衰减值或品质因子，比较实用的是“谱比法”，现在重点介绍该方法的测试原理。

设平面波的振幅谱为

$$A(f) = G(x)\mathrm{e}^{-\alpha(f)x}\mathrm{e}^{i(2\pi ft-kx)} \tag{4-9}$$

式中 f 为频率，x 为岩石样品的长度，$G(x)$ 为几何扩散因子，含球面扩散(无真正意义的平面波)、反射和散射等。$\alpha(f)$ 为与频率成正比的吸收系数，设 $\alpha = rf$，其中 r 为常数。由(4-1)得 $Q = \dfrac{\pi}{\alpha V}$，式中 V 为波速。

为消除 $G(x)$ 的影响，要选择一个在几何形状、长度等方面与待测样品一样的参考样，测量超声波分别穿透测样和参考样(标样)的振幅谱，得参考样和测样的振幅谱为

$$A_1(f) = G_1(x)\mathrm{e}^{-\alpha_1(f)x}\mathrm{e}^{i(2\pi ft-K_1x)} \tag{4-10}$$

$$A_2(f) = G_2(x)\mathrm{e}^{-\alpha_2(f)x}\mathrm{e}^{i(2\pi ft-K_2x)} \tag{4-11}$$

如果参考样和测样的波速近似相等，则波数 $k_1 \approx k_2$，两式相除得

$$\frac{A_1(f)}{A_2(f)} = \frac{G_1(x)}{G_2(x)}\mathrm{e}^{-(\gamma_1-\gamma_2)fx} \tag{4-12}$$

上式两边取对数得

$$\ln\frac{A_1(f)}{A_2(f)} = (\gamma_2 - \gamma_1)fx + \ln\frac{G_1(x)}{G_2(x)} \tag{4-13}$$

$$A = (\gamma_2 - \gamma_1)fx + B \tag{4-14}$$

先定测试频率 f，可通过最小二乘拟合，求得直线斜率 $\gamma_2 - \gamma_1$，由于标样的 Q 值为已知，或无穷大(对铝样而言 $Q = 150000$，可视为无限大，则 $\gamma_1 \to 0$)。于是可求得待测岩石样品的 γ 值(γ_2)。

5)衰减属性的作用

(1)衰减随岩石物性参数的变化而变化的程度比波速的相应变化要灵敏得多，包括振幅、频率、吸收等特性(动力学参数)均比波速、时差的变化要敏感。

(2)衰减直接反映岩石的微观特性，而波速直接反映岩石的宏观(总体的、平均的)特性，间接反映微观特性。而我们感兴趣的，或有意义的，正是岩石的微观特性(孔隙度、渗透率、流体饱和度、裂缝分布、充填物等)。

4.1.1 吸收衰减的应用原理

由反射波法地震勘探原理可知，地震波在地下介质内的传播过程中，地震波

信号的衰减因素很多，这些衰减因素主要表现为相邻岩相界面以及断层、裂缝及溶洞处的反射机理、同相介质中的球面扩散、以及同相介质内的物性变化(含有油、气、水等)，而这些因素中最重要的是最后一种，即同相介质内的物性变化所引起的地震信号的衰减。

衰减属性分析的主要目的是通过属性标定将定量的地震衰减属性转化为储层特征，地震属性标定中最重要的是认识和识别能够反映地质意义和物理意义的具有稳定统计特征的属性。理论研究表明，与致密的单相地质体相比，当地质体中含流体如油、气或水时，会引起地震波能量的衰减，并使主频向低频端引动(图4-2)；断层、裂缝、溶洞等的存在也会引起地震波的散射，造成地震能量的衰减。因此，衰减属性是指示地震波传播过程中衰减快慢的物理量，是一个相对的概念。衰减属性的分析可以反过来指示这些衰减因素存在的可能性和分布范围。这里的衰减属性分析就是要通过计算出的反映地震波衰减快慢的属性体来指示孔隙度的大小或裂缝的强度和分布范围。

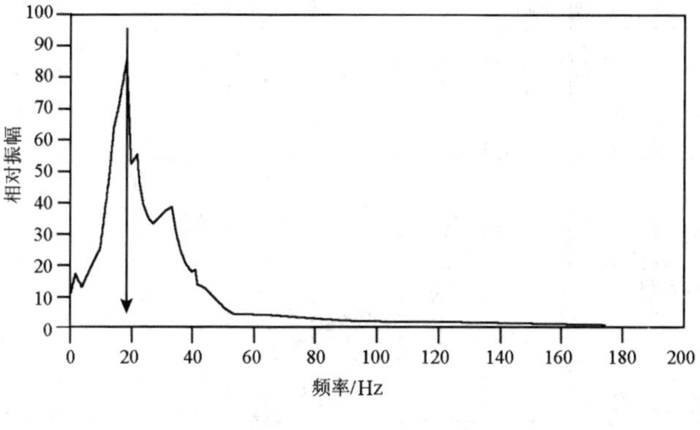

图4-2(a)　某井井中含油气储层的主频位置示意图(见箭头位置)

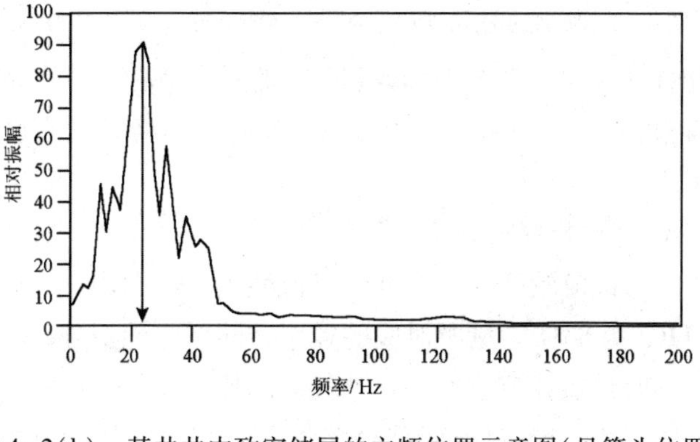

图4-2(b)　某井井中致密储层的主频位置示意图(见箭头位置)

瞬时谱分析技术提供了频率域地震波衰减属性分析的手段，一般来说，在高频段，在地质背景条件相同的情况下，孔隙度大或裂缝发育使得地震波信号的能量衰减增大，与不衰减的频率域特征相比，衰减后的整个频带将向低频段收缩。能量衰减可以通过能量随频率的衰减梯度、指定能量比所对应的频率、指定频率段的能量比等物理参数来进行指示，不同的物理参数从不同的侧面来反映孔隙度或裂缝发育情况。衰减梯度就是衰减属性之一，如图 4-3 中箭头所示，它表示了高频段的地震波能量随频率的变化情况，它可以指示地震波在传播过程中衰减的快慢。

有关衰减属性计算都用到了叠后纯波数据，大多数衰减算法主要是通过小波变换，将地震资料从时间域转换到频率域，在频率域内检测其高频端的衰减（图 4-4），其主要检测属性有以下几个。

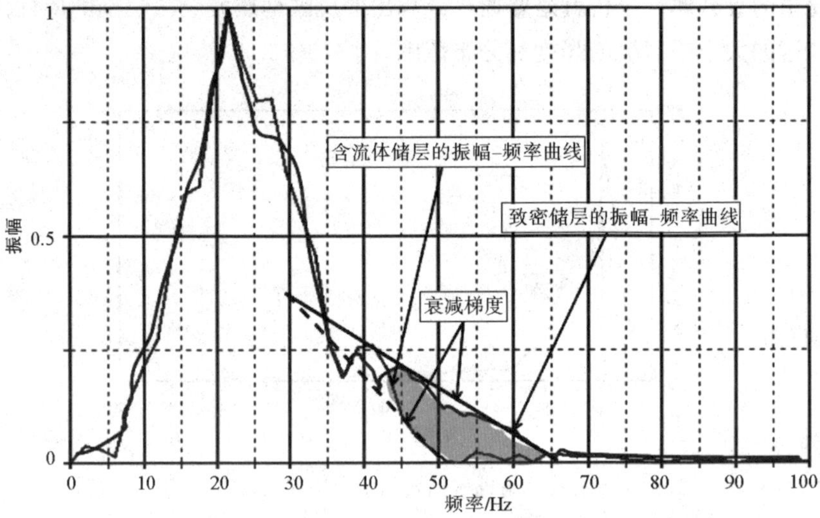

图 4-3　吸收衰减属性用于溶孔、裂缝等有利储层的检测

（1）ATN_GRT 通常叫衰减梯度（数据值一般在 -2 ~ 0），表示主频到最高有效频率之间的斜率，一般来说，孔隙或裂缝含油气后高频端衰减较大，斜率增加，即负值变大；

（2）ATN_FRQ 为起始衰减频率（即主频对应的频率），一般孔隙或裂缝含油气后高频衰减快，即该值较高时，含油气可能性大；

（3）FULL_FRQ 为 85% 能量所对应的频率，即对能量积分，当能量达到 85% 时对应的频率，一般是在孔隙或裂缝含油气后降低；

（4）ENG_RTO 为给定频率前面部分能量积分与总能量积分之比，孔隙或裂缝含油气后该值一般会增大。

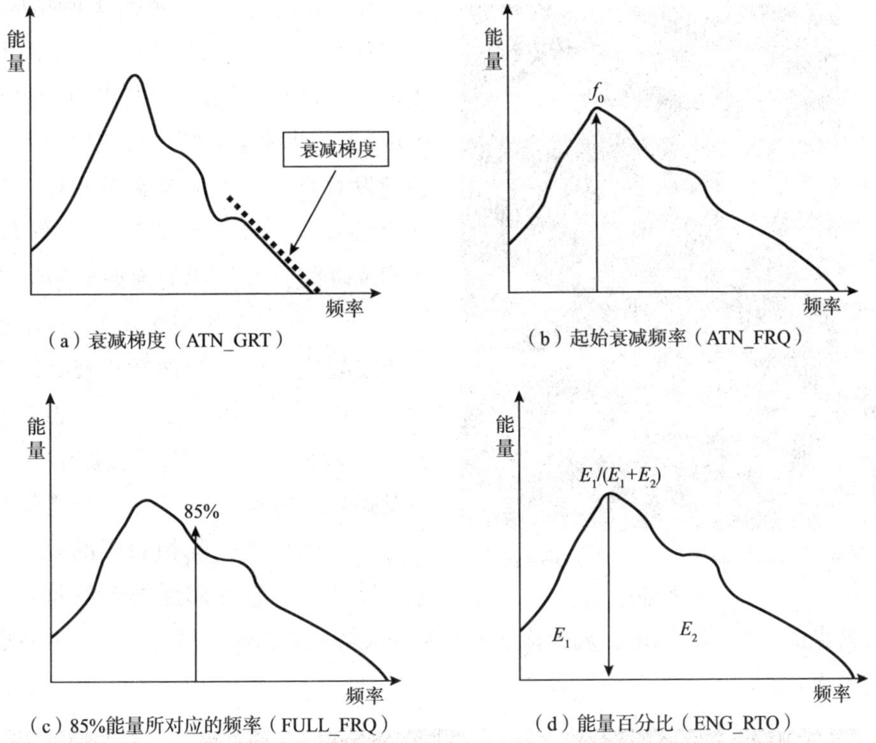

图 4-4 地震波衰减属性的几个参数示意图

4.1.2 吸收衰减分析法应用实践

通常情况下储层含流体(油、气或水)后，会造成地震波的反射振幅或频率产生衰减现象，如在储层中发育裂缝时，则会衰减加剧；而不含流体的岩层往往不会造成地震波的反射振幅或频率产生衰减。所以，检测地震波的振幅或频率衰减情况可以反过来确定储层的含流体或裂缝发育区域。通过合理选取时窗并沿主要目的层段提取起始衰减频率、衰减梯度等对气层敏感的属性进行平面成图，分析图中衰减的位置则可以推断出储层含流体或裂缝的大体分布位置。

1)元坝地区长兴组礁滩储层

图 4-5 是元坝地区长兴组礁滩储层的起始衰减频率(ATN_FRQ)平面图，可见图中的礁带的起始衰减频率值较高，大于17.8，在图中为灰白、白色条带状区域，这些区域为礁带储层中孔隙+裂缝含气的反映。由于礁带储层富含天然气，造

成该区域地震波的高频段剧烈衰减而致使起始衰减频率值高；其次在礁后的滩相中也零星分布(见图中白色箭头所指区域)起始衰减频率值较高的区域，推测是滩相中分布的零星点礁(或富集珊瑚礁残骸区域)，这些礁顶上的白云岩储层段局部裂缝发育且含气，但与礁带相比，含气丰度略差且区域上呈不连片分布形态；滩相及礁前斜坡区域的起始衰减频率值低(见图中淡黑至黑色区域)，预示这些区域碳酸盐岩储层的含气及裂缝发育情况不容乐观。总体上预测结果表明礁相上白云岩储层的孔隙、裂缝相对发育，而滩相白云岩储层的孔隙、裂缝相对不发育，富气程度比礁相储层的差，预测结果反映海相礁滩储层的含气特点。钻井资料也证实这样的结论，现今该区的开发井大都是围绕礁带展开工作，并稳获工业油气流。

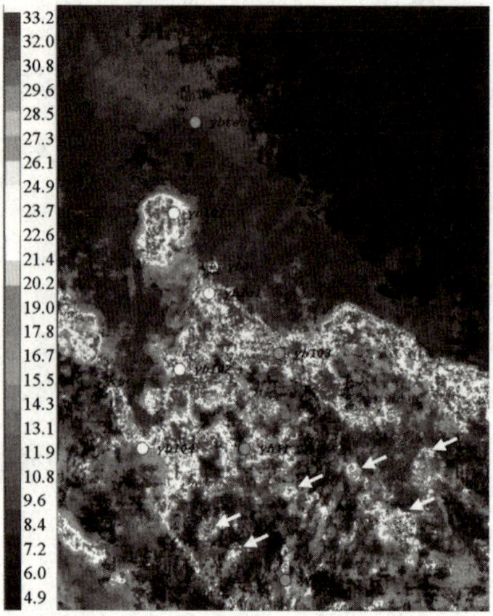

图 4-5　元坝地区长兴组顶部起始衰减频率平面图

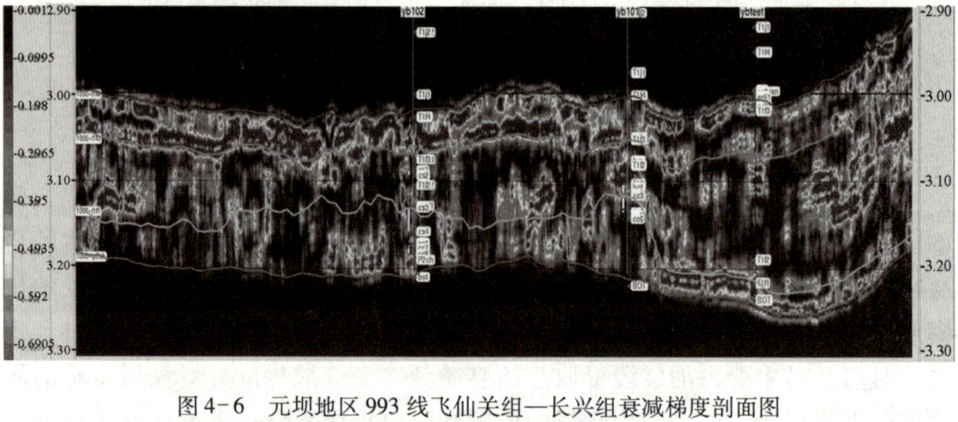

图 4-6　元坝地区 993 线飞仙关组—长兴组衰减梯度剖面图

另外从图 4-6 可以看到，在礁滩相储层裂缝含油气后，其衰减梯度(ATN_GRT)值变小，这是由于生物礁和滩相中的孔隙及裂缝成为油气的储集体，故而造成衰减梯度都比周围不含油气或少量含油气岩体的衰减值小(小于 -0.345)——图中的白色细线状封闭的淡黑色区域，这些衰减梯度值低的区域在垂向上相对连通，而横向上分布相对成层性差，表现出礁滩相储层分布的规律性较差、不均匀性较为严重。通过这些衰减属性的提取及显示，就能了解礁和滩体储层的大致发育情况。

2)涪陵地区长兴组礁滩储层

图4-7是涪陵地区长兴组礁滩储层的衰减梯度(ATN_GRT)平面图，可见图中的礁带的衰减梯度值较小，小于-0.1，在图中为灰白、白色条带状区域，这些区域为礁带储层中孔隙+裂缝含气的反映。另外，yun18井的北面衰减梯度值最小(小于-0.2)，推测为断裂所形成的微型裂缝相对发育所致或泥质含量相对较高所造成。这种情况对礁滩相储层的含气性检测造成困扰，难以分辨、识别出含气储层的位置。所以该方法总体来看，对含气的礁滩相储层识别精度不高，需要结合其他技术加以验证。

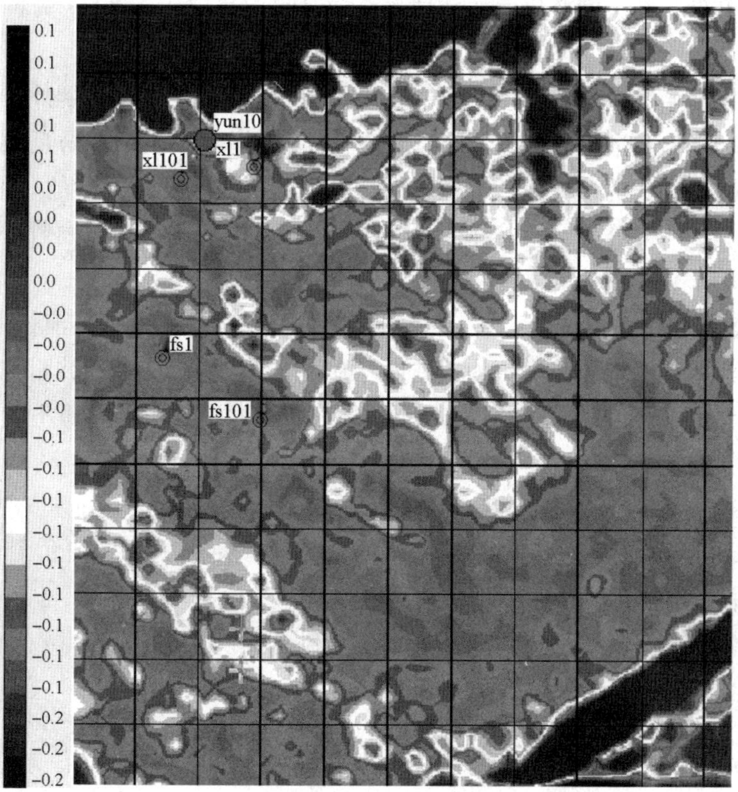

图4-7　涪陵地区长兴组顶部衰减梯度平面图

4.2 基于叠前地震资料检测

经过多年的研究，AVO 理论技术已发展的比较成熟，应用范围也越来越广泛。基于中小角度入射的理论方面已经取得了很大进展，在处理及分析方面也取得了长足的进步。近年来，AVO 技术的进展主要涉及 AVO 理论、AVO 正演模拟技术、AVO 参数反演技术、方位 AVO 分析技术，此外薄互层及非砂岩储层、非亮点气层的 AVO 特征研究等应用方面发展也较快，使得叠前 AVO 属性提取与分析逐步成为常规工作。随着勘探难度的增大及计算机技术的发展，国外许多公司已经将叠前时间偏移技术逐步和 AVO 处理相结合；国内方面随着油气田的进一步勘探和开发，在速度变化大的区域将叠前时间偏移应用于 AVO 资料处理是一种趋势。

地震反演始终是地震勘探中的核心技术，叠前反演技术也不例外。叠前反演即利用不同炮检距道集数据以及纵波、横波、密度等测井资料联合反演，得到与岩性、含气性相关的多种弹性参数，综合判别储层物性及含气性的一种新技术，包括 AVO 与 AVA 分析、叠前弹性波阻抗(EI)反演、纵横波阻抗同时反演等。目前用的较多、较为成熟的方法主要有以下两种。

(1)叠前弹性波阻抗。它是一种结合了常规波阻抗和 AVO 反演技术的方法，可以利用远炮检距地震角度叠加数据进行波阻抗反演。叠前弹性波阻抗与常规声波阻抗的区别在于其利用了角度叠加数据即 AVA 地震数据来反演不同入射角下的弹性波阻抗，包含了丰富的横波信息。

(2)纵横波阻抗同时反演(Joint PP - PS Simultaneous Inversion)技术是同时反演纵波阻抗 Z_P，横波阻抗 Z_S，以及密度 ρ，使用叠前方位角道集地震数据作为输入。这种方法的好处是它允许对这些变量加以约束，这样可以使结果更稳定并减少多解性问题。由此可以得到更准确的与岩性、含气性相关的多种弹性参数。

4.2.1 AVO/FVO 技术

AVO/FVO 分析是研究反射波振幅或频率随炮检距的变化来估测及分析弹性岩石物理特性的一门新的地震勘探技术，已相当成功地应用于地下油气探测，特别是烃类检测、岩性及储层特征的分析研究。

AVO/FVO 技术与地震、地质、测井等信息相结合，并将这些信息进行综合分析，这是油气预测的一种好方法，国内外应用它识别真假亮点、预测油气藏等已经有许多的成功例子。目前，AVO 技术在以下几个方面已经获得较为成功的应用：①用 AVO 零炮检距剖面做叠后岩性研究；②识别亮点、平点和暗点；③薄互层情况下，用含油气砂岩的 AVO 特征来预测油气；④预测碳酸盐岩储层的孔隙度和流体性质等。

AVO/FVO 分析主要在共中心点道集(CMP)或共反射点道集上(CRP)进行，CRP 道集是经过叠前时间偏移后的地震道集。AVO 分析有时可以作为含流体的直接显示，主要是基于储层内部的孔隙或裂缝空间中含流体之后，P 波速度(V_P)与 S 波速度(V_S)的响应之差。P 波对孔隙或裂缝内流体的变化敏感，只要岩石孔隙或裂缝空间中有少量的流体如水、气就会使岩石的 P 波速度明显地降低；相反，S 波不受岩石的孔隙空间影响，它主要取决于岩石骨架。由于孔隙或裂缝中含有流体，使得储集层岩石中的 V_P/V_S 降低，改变了来自储层顶与底的反射的相对振幅，它是波反射到界面上的角度的函数。在 CMP 道集内，对地震道相对振幅的研究便是振幅随炮检距变化的分析，即 AVO 分析。

FVO 分析的结论可以直接描述含流体发育特征。尤其是存在有裂缝发育的储层内，地震波的频率变化不但与偏移距有关，而且与方位角的变化(裂缝方向)有关。理论研究结果已明确指出(Shen，2002)，当储层内孔隙或裂缝空间含流体时，地震波的频率随着炮检距的增大而逐步衰减，这就是说，对于岩石储集层，孔隙或裂缝空间含流体或不含流体，其地震波的频率衰减特征是不一样的。同样，如果储层内含流体的裂缝方向发育(一组或多组方向)，地震波的频率在裂缝方向要比在裂缝法向方向衰减的慢。也就是说，在裂缝法向方向，地震波的频率衰减最大。

在进行 FVO 分析时，频率估算函数由下式给出(Shen，2002)：

$$F(f) = \frac{1}{\sum_{K=M+1}^{P} \alpha K \mid e^{H}(f) V_K \mid^2} \tag{4-15}$$

式(4-15)中，α 是加权函数，M 是信号个数，P 是总特征向量，V 是单个特征向量，e 是复正弦向量，上标 H 为汉密顿算子。下面主要是针对 AVO 反演技术进行分析和介绍。

4.2.2 基本弹性参数

在地震勘探中，离震源很近的地方为塑性带，爆炸造成的形变很大，而在远离震源的地方，岩石受力很小，作用时间也很短，岩石可以近似地看成是弹性体，地震波可以看作是岩石层中的弹性波。

在弹性波理论中，弹性波方程反映了弹性波的传播规律，并能揭示弹性波的本质。在 AVO 技术中常用的 5 个弹性参数为：①杨氏模量(或弹性模量)E：它是物质对受力作用的阻力的度量。固体介质对拉伸力的阻力越大，弹性越好，E 值越大。其物理意义是使单位截面积的杆件伸长 1 倍的应力值；②泊松比 σ：它表示杆件受载荷作用的相对缩短量(伸长量)与它的截面尺寸相对增大量(缩小量)之比。它的绝对值介于 0 ~0.5 之间；③切变模量(或横波模量)μ：它是切应力与切应变之比，是阻止剪切应变的一个度量，流体无剪切模量即 $\mu=0$；④体积模量 K：它表示物体抗压缩的性质，说明岩石的耐压程度；⑤ λ（常把 λ、μ 称为拉梅系数)：它是阻止横向压缩所需要的拉应力的一个度量，阻止横向压缩的拉应力越大，λ 值也越大。

以上 5 个弹性参数是分辨岩性的基本参数。其中杨氏模量 E 和泊松比 σ 是岩石常用的弹性指标。它们之间关系如下：

若已知拉梅系数 μ、λ，可求取 E、K、σ：

$$E = \mu(3\lambda + 2\mu)/(\lambda + \mu) \tag{4-16}$$

$$\sigma = \lambda/[2(\lambda + \mu)] \tag{4-17}$$

$$K = \lambda + 2/3\mu \tag{4-18}$$

若已知泊松比 σ 和杨氏模量 E，则可求取拉梅系数 λ、μ 和体积模量 K：

$$\lambda = E\sigma/[(1 + \sigma)(1-2\sigma)] \tag{4-19}$$

$$\mu = E/[2(1 + \sigma)] \tag{4-20}$$

$$K = E/[3(1-2\sigma)] \tag{4-21}$$

4.2.3 纵波与横波

介质中各点的振动方向和波的传播方向相同的波是纵波，也称 P 波、疏密波或压缩波。声波就是纵波的一种。介质中各点的振动方向和波的传播方向相垂直的波是横波，也称 S 波、切变波或剪切波。横波可分为垂直偏振横波(SV 波)和水平偏振横波(SH 波)。

弹性波的速度与岩石物理性质之间的关系如下列公式：

纵波速度：

$$V_{\mathrm{p}} = \sqrt{\frac{\lambda + 2\mu}{\rho}} = \sqrt{\frac{E(1 - \sigma)}{\rho(1 + \sigma)(1 - 2\sigma)}} \tag{4-22}$$

横波速度：

$$V_{\mathrm{S}} = \sqrt{\frac{\mu}{\rho}} = \sqrt{\frac{E}{2\rho(1 + \sigma)}} \tag{4-23}$$

由于 λ、μ 和 ρ 都是正数，所以以上两式对比，显然有 $V_P > V_S$。在流体介质中，$\mu=0$，则 $V_P=\sqrt{\dfrac{\lambda}{\rho}}$，$V_S=0$，所以横波的传播与纵波不同，它不受岩石在孔隙中充填的流体的影响。

纵横波速度比：

$$\frac{V_P}{V_S}=\sqrt{\frac{2(1-\sigma)}{(1-2\sigma)}} \tag{4-24}$$

如果纵、横波速度已知，则可求得泊松比 σ：

$$\sigma=\frac{0.5\left(\dfrac{V_P}{V_S}\right)^2-1}{\left(\dfrac{V_P}{V_S}\right)^2-1} \tag{4-25}$$

由于 $\sigma=\lambda/[2(\lambda+\mu)]$，所以当 $\lambda=0$ 时，$\sigma=0$；当介质为流体，$\mu=0$ 时，$\sigma=0.5$ 为最大值。因此泊松比 σ 值在[0，0.5]范围内。当岩石越坚硬，σ 越小，岩石越疏松，σ 越大，尤其是压裂破碎和含流体后的岩石，泊松比 σ 值明显增高。泊松比大致反映了岩石的特征。

各类岩石的泊松比 σ 有明显的差异：$\sigma_{砂岩}=0.17\sim0.26$，$\sigma_{白云岩}=0.27\sim0.29$，$\sigma_{石灰岩}=0.29\sim0.33$，$\sigma_{煤岩}=0.38\sim0.46$，$\sigma_{风化层}=0.33\sim0.5$，含气砂层 $\sigma=0.1\sim0.2$，含油砂层 $\sigma=0.22\sim0.25$。

在石油物探中，按岩石泊松比 σ 的变化，尤其是含不同流体后岩石 σ 的变化，可以进行岩石的横向追踪，判断岩石的含油、气、水特征。

在含水饱和碎屑砂岩中，纵横波速度之间的关系近似为：

$$V_P=a+bV_S \tag{4-26}$$

4.2.4 速度、密度与波阻抗、孔隙度和弹性系数的关系

波阻抗与密度和孔隙度的关系：

$$\rho V=\frac{\rho}{\Delta t}=\frac{\phi\rho_f+(1-\phi)\rho_m}{\phi\Delta t_f+(1-\phi)\Delta t_m} \tag{4-27}$$

式中，ρV 为波阻抗，Δt 为声波时差，ϕ 为孔隙度，ρ_f 为流体密度，ρ_m 为基质密度，Δt_f 为流体时差，Δt_m 为基质时差。

由波阻抗计算孔隙度的公式：

$$\phi=\frac{\rho_m-\rho V\Delta t_m}{\rho V(\Delta t_f-\Delta t_m)-(\rho_f-\rho_m)} \tag{4-28}$$

对于泥质含量较大的地层，由波阻抗计算孔隙度公式为：

$$\phi = \frac{(1-M)(\rho_m - \rho V \Delta t_m) + M(\rho_S - \rho V \Delta t_S)}{\rho V(\Delta t_f - \Delta t_m) - (\rho_f - \rho_m)} \tag{4-29}$$

式中，M为泥质含量，其他参数同式(4-22)。

通过速度、密度与弹性参数的关系，利用已知速度和密度，可求取5个弹性参数：

(1)杨氏模量：

$$E = \rho \frac{3V_P^2 - 4V_S^2}{(\frac{V_P}{V_S})^2 - 1}$$

(2)泊松比：

$$\sigma = \frac{0.5(\frac{\Delta V_P}{V_S})^2 - 1}{(\frac{V_P}{V_S})^2 - 1}$$

(3)切变模量：

$$\mu = \rho V_S^2$$

(4)体积模量：

$$K = \rho\left(V_P^2 - \frac{4}{3}V_S^2\right)$$

(5)拉梅系数：

$$\lambda = \rho(V_P^2 - 2V_S^2)$$

4.2.5 AVO反演属性成果及油气物性含义

1)道集分析

AVO振幅异常除了随炮检距顺序排列外，还可按入射角顺序排列，即为时域($t-x$)和角道集($t-\theta$)的显示。这两种显示是AVO分析中最直观、最基础的，能反映出振幅随炮检距(入射角)的变化趋势，即振幅随炮检距或入射角增大而增大或增大而减小。一般认为前者是存在油气层的识别标志。

当地震波垂直入射时，在叠前CMP或CRP道集中的非零炮检距地震道的反射系数(或反射振幅)包含了纵波和横波的信息。其反射系数按照入射角的大、中、小或炮检距的近、中、远进行排序。

$$R_P(\theta) \approx \frac{1}{2}\left(\frac{\Delta V_P}{V_P}+\frac{\Delta\rho}{\rho}\right)+\left(\frac{1}{2}\frac{\Delta V_P}{V_P}-4\frac{V_S^2}{V_P^2}\frac{\Delta V_S}{V_S}-2\frac{V_S^2}{V_P^2}\frac{\Delta\rho}{\rho}\right)\sin^2\theta + \frac{1}{2}\frac{\Delta V_P}{V_P}(\tan^2\theta-\sin^2\theta) \tag{4-30}$$

当入射角 $\theta = 0^\circ$，即垂直入射时，不含横波速度，为纵波反射系数。

$$R_P(0) = P = \frac{\rho_2 V_{P_2}-\rho_1 V_{P_1}}{\rho_2 V_{P_2}+\rho_1 V_{P_1}} = \frac{1}{2}\Delta\ln\rho V_P \tag{4-31}$$

当入射角 $0<\theta\leqslant 30^\circ$ 时，第三项的 $\tan^2\theta-\sin^2\theta\leqslant 0.083$，而 $\frac{\Delta V_P}{V_P}$ 又较小，所以可以略去，而第二项不可忽略应加上。

$$R_P(\theta) = \frac{1}{2}\left(\frac{\Delta V_P}{V_P}+\frac{\Delta\rho}{\rho}\right)+\left(\frac{1}{2}\frac{\Delta V_P}{V_P}-4\frac{V_S^2}{V_P^2}\frac{\Delta V_S}{V_S}-2\frac{\Delta\rho}{\rho}\right)\sin^2\theta \tag{4-32}$$

当入射角较大 $\theta>30^0$ 时，此时的($\tan^2\theta-\sin^2\theta$)增加较快，不能忽视，必须加上第三项。

$$R_P(\theta) = \frac{1}{2}(\frac{\Delta V_P}{V_P}+\frac{\Delta\rho}{\rho})+(\frac{1}{2}\frac{\Delta V_P}{V_P}-4\frac{V_S^2}{V_P^2}\frac{\Delta V_S}{V_S}-2\frac{\Delta\rho}{\rho})\sin^2\theta+\frac{1}{2}\frac{\Delta V_P}{V_P}(\tan^2\theta-\sin^2\theta) \tag{4-33}$$

岩石中充满气体以后，$R_P(\theta)$（反射振幅）通常随炮检距(入射角)的增大而增强，不含气时 $R_P(\theta)$（反射振幅）随炮检距(入射角)的增大而减弱，在接近临界角时又逐渐增强。

2)截距 P

P 为由零炮检距截距构成的地震道，即纵波的叠加道，它代表对反射界面两测波阻抗变化的响应。

$$P = \frac{\rho_2 V_{P_2}-\rho_1 V_{P_1}}{\rho_2 V_{P_2}+\rho_1 V_{P_1}} = \frac{1}{2}\Delta\ln\rho V_P \tag{4-34}$$

在 P 波剖面上波峰表示由低阻抗到高阻抗的正反射界面，波谷表示负反射界面。常规处理后的叠加地震道是不同入射角(或炮检距)记录的平均，只能做为零炮检距反射纵波的近似。而 P 波剖面则是更接近于零炮检距剖面，所以，更适合用于反演处理。含气后，V_P 减小，ρ 值不变，反射振幅增大。

3)梯度 G

当地震波入射角 $\theta\leqslant 30^\circ$ 时，反射系数方式省略第三项，由下式表示：

$$R_P(\theta) = P + G\sin^2\theta \tag{4-35}$$

假设 $\frac{V_P}{V_S} \approx 2$，那么 $G = -P + \frac{9}{4}\Delta\sigma$，该 G 的表示式说明在上下两层介质的波阻抗一定时，泊松比差 $\Delta\sigma$ 对反射振幅随入射角的变化影响较大（见图 4-8），$\Delta\sigma$ 越大，反射振幅 $R_P(\theta)$ 随入射角的变化也越大。

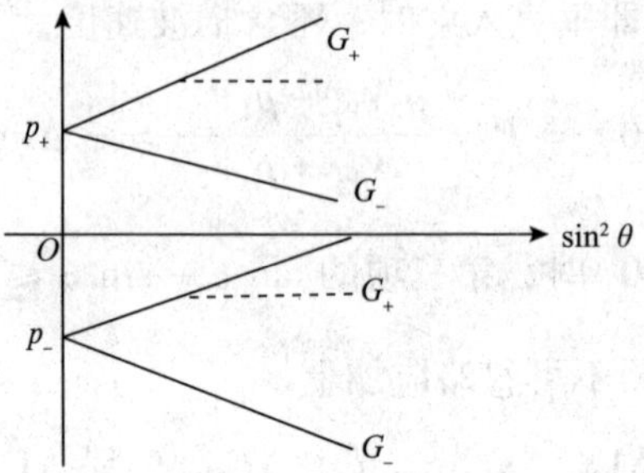

图 4-8　反射系数 $R_P(\theta)$ 与入射角 $\sin^2\theta$ 关系图

P、G 皆可正可负，相互关系见图 4-8，常见的 AVO 特性按 P 和 G 的符号有 4 种情况，即 $P>0$，$G>0$；$P>0$，$G<0$；$P<0$，$G>0$；$P<0$，$G<0$。当 P 与 G 同号时会出现振幅绝对值随入射角的增大而增大，当 P 与 G 异号时，会出现振幅绝对值随入射角增大而减小。在一般 CRP 道集上，油气层的振幅随入射角的增大而增大，而含水层振幅随入射角的增大而减小，利用这种差别识别油气层，但要注意的是这种差异并非都是油气层所致。

4）泊松比反射（$P+G$）

它反映了纵、横波速度比或泊松比的变化情况，由 $P+G=\frac{4}{9}\Delta\sigma$ 式，当反射界面上、下岩层的波阻抗值（或 P 值）一定时，影响 $R_P(\theta)$ 变化率的参数就是上、下岩层的泊松比差（$\Delta\sigma = \sigma_2 - \sigma_1$）。当 $\Delta\sigma>0$ 时，说明上层介质的泊松比小于下层介质的泊松比，泊松比是增大的；当 $\Delta\sigma<0$ 时，说明上层介质的泊松比大于下层介质的泊松比，泊松比是减小的。因此，泊松比参数在 AVO 中起着重要的作用。一般情况下岩石的泊松比随深度的增加而减小，含油气后会降低。

由泊松比与纵横波速度的关系式：$\sigma = \frac{0.5(V_P/V_S)^2 - 1}{(V_P/V_S)^2 - 1}$ 可知，假设岩石不含气时，若 $V_P/V_S = 2$，则 $\sigma = \frac{1}{3}$；如果含气时 V_P 降低，若 $V_P/V_S = 1.5$，则 $\sigma = 1/10$，泊松比则明显降低。因而岩层含气后，上、下介质的泊松比差 $\Delta\sigma$ 也会随之增大，所以 $P+G=\frac{4}{9}\Delta\sigma$ 会增加。由此推断，储层含气以后，泊松比（$P+G$）

剖面显示高值。

5)碳氢检测($P \cdot G$)

在多数情况下，油气的存在使反射振幅 P 和梯度 G 绝对值都会增大，因此，$P \cdot G$ 剖面会更加突出，正异常($P \cdot G > 0$)说明在 AVO 增加的域可能有油气存在，负异常为 AVO 的减小域。

6)流体因子 $\lambda\rho$

利用 AVO 分析所得到的纵、横波波阻抗进行流体因子 $\lambda\rho$ 计算，得到相关的 $\lambda\rho$ 数据体。该 $\lambda\rho$ 的计算公式如下：

$$\lambda\rho = I_{\mathrm{P}}^2 - 2I_{\mathrm{S}}^2 \tag{4-36}$$

式中，I_{P}、I_{S} 分别为纵、横波波阻抗。

7)P 波速度与 S 波速度

这一对属性剖面是 AVO 反演中 Aki & Richards 种类属性的最基本属性剖面，由于密度变化相对较小，它们的 AVO 异常特征与它们分别对应的 P 波波阻抗反射及 S 波波阻抗反射属性剖面很类似，所以在进行 AVO 异常分析解释时，可以只选出其中一种属性剖面。

当含气时，V_{P} 大幅度减小，而 V_{S} 基本不变(略有增大)，因而 $\Delta V_{\mathrm{P}}/V_{\mathrm{P}}$ 大幅度增加，$\Delta V_{\mathrm{S}}/V_{\mathrm{S}}$ 基本不变。所以若含气，一般在 P 波速度反射剖面上可以看到 AVO 异常，而在 S 波速度反射剖面上却看不到，两者有着明显的反差，是寻找 AVO 含气异常的最基本、最有力的分析对比剖面。

8)伪泊松比

由表达式 $R_{\mathrm{q}}(\theta) = \Delta q/q$（这里 $q = V_{\mathrm{P}}/V_{\mathrm{S}}$）可知，当储层含气后，$V_{\mathrm{P}}$ 降低，V_{S} 不变，则 Δq 绝对值增大，而 q 相对变小，所以 $R_{\mathrm{q}}(\theta)$ 在伪泊松反射属性剖面上显示为高值。

9)拉梅系数

其表达式为

$$R_{\lambda}(\theta) = \frac{\Delta(\lambda \cdot \rho)}{\lambda \cdot \rho}, \qquad \lambda = \rho(V_{\mathrm{P}}^2 - 2V_{\mathrm{S}}^2)$$

储层含气后，V_{P}降低，V_{S}、ρ 不变，λ 变小，$\Delta\lambda$ 变大，所以 $R_{\lambda}(\theta)$ 显示为高值。

10)剪切模量

其表达式为

$$R_{\mu}(\theta) = \frac{\Delta(\mu \cdot \rho)}{\mu \cdot \rho}, \mu = \rho V_{\mathrm{S}}^2$$

储层含气后，ρ、V_S 变化微弱，剪切模量反射剖面振幅值变化不大，所以，剪切模量反射剖面对含气储层反映不敏感。

11)弹性波阻抗

弹性波阻抗反射表达式为

$$R_{EI}(\theta) = \frac{\Delta EI(\theta)}{EI(\theta)} = P + G\sin^2\theta \tag{4-37}$$

弹性波阻抗为

$$EI(\theta) = V_P^{(1+\sin^2\theta)} V_S^{(-8k\sin^2\theta)} \rho^{(1-4k\sin^2\theta)} \quad (k\text{ 为常数})$$

弹性波阻抗反射剖面，即弹性阻抗变化率剖面，含气储层弹性波阻抗剖面一般显示为小值。

12)不同入射角度的属性数据体

按一定入射角度范围进行叠加、偏移处理，能产生各种角度的属性剖面。通常可以产生小角度、中角度、大角度范围的属性数据体，这些属性数据体的剖面往往也能很好的反映地震振幅随入射角变化的特征。在含气层段，大角度属性的振幅往往要比中、小角度属性的强，反射强度由小角度、中角度到大角度逐渐增强，剖面或平面成果很直观。所以这些不同角度属性数据也是寻找含气异常的很好分析资料。例如对某区的礁滩相储层进行分析，计算不同中心入射角的地震数据体(5°、10°)，并提取过井的地震剖面进行分析[图 4-9(a)、图 4-9(b)]。可见①、②号地震反射振幅随入射角增大而增大，亮点特征明显；而③号则是反射振幅随入射角增大而减小，差异相对明显。经 A 井资料分析可知，储层段的顶或底具有 AVO 的反射特征(①、②号)，②号则相对明显，③号推测为假亮点——非储层。

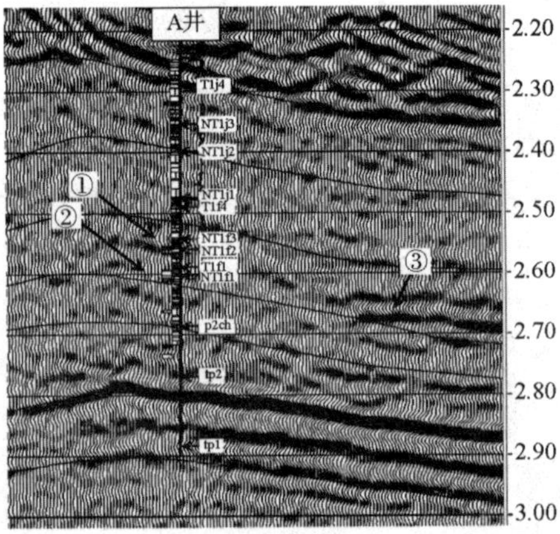

图 4-9(a)　过 A 井的中心入射角为 5°的地震剖面

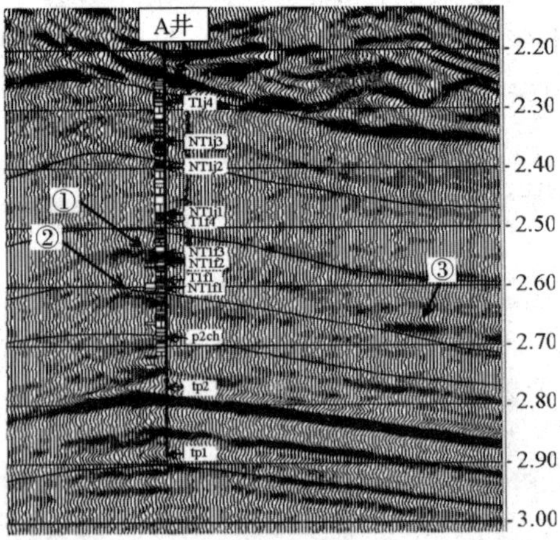

图 4-9(b)　过 A 井的中心入射角为 10°的地震剖面

4.2.6 CMP道集处理及叠前弹性波阻抗计算

1)CMP道集处理

对CMP道集数据经变换转到针对目的层的角度道集，对入射角小于或等于30°范围内的道集数据进行分 n 个入射角范围内的道集数据叠加，并对叠加数据进行偏移处理，提取相关数据体的属性；再对 n 个属性数据进行针对CDP点号的数据重构，利用道集重构数据体进行分析(图4-10)。根据振幅与频率相关的AVO/FVO分析显示，FVO适于进行梯度计算，所得结果优于AVO梯度；而泊松比计算则利用重构的AVO数据及相关测井数据进行，通常要求 n 大于或等于3个，所求取的频率类属性通常为衰减梯度属性、起始衰减频率属性等。

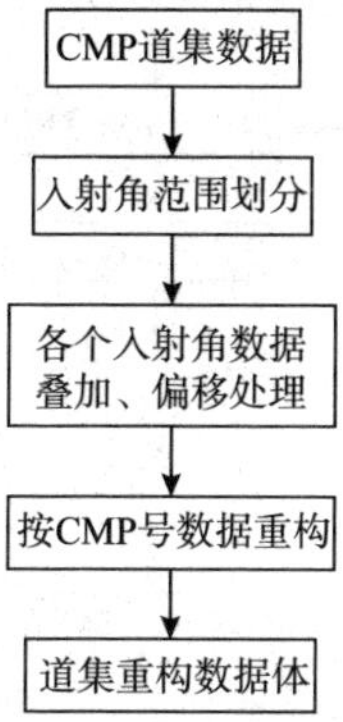

图4-10　道集数据重构处理流程图

2)叠前弹性波阻抗反演

Connolly(1999)对传统AVO分析方法进行了分析，提出了一种弹性波阻抗反演方法，Cambois(2000)研究指出弹性波阻抗比传统的AVO截距和梯度具有更高的抗噪声及干扰能力；一般情况下CMP道集普遍存在较为严重的噪声及干扰，需要将噪声及干扰去除。现阶段大多数地球物理商业软件采用叠前弹性参数反演技术来实现反演纵横波阻抗、泊松比、拉梅常数和剪切模量等参数，对岩石的机械特性、裂缝发育特征、储层的含油气性进行精细描述，常规的叠前弹性波阻抗反演可以由下面的6个步骤逐步实现：

(1)测井数据解释，求取各井的含水饱和度(SW)、泥质含量(VSH)、砂岩百分比含量(SAND)、孔隙度(POR)。

(2)测井横波反演，求取各井的横波速度(V_S)、纵横波速度比(V_P/V_S)、泊松比(Poisson Ratio)、拉梅系数(Lame Coefficient)等。

(3)测井 EI 反演，求取各井的各个入射角的弹性波阻抗(EI)曲线。

(4)测井 EI 曲线子波提取，求取井的 EI 子波，为后面的地震 EI 反演准备。

(5)地震弹性波阻抗反演，求取地震各个入射角的弹性波阻抗数据体(角道集)。

(6)地震弹性参数反演，求取 P 波波阻抗数据体、S 波波阻抗数据体、拉梅系数数据体、剪切模量数据体和泊松比数据体。

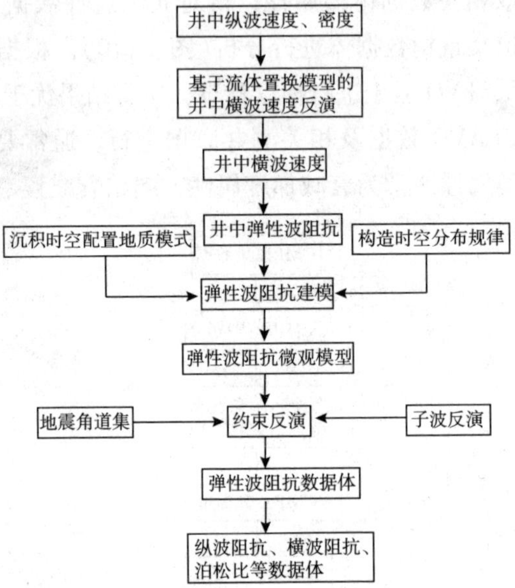

图 4-11　叠前弹性波阻抗反演基本思路

叠前弹性波阻抗反演的基本思路如图 4-11 所示。主要基于流体置换模型技术反演井中横波速度，根据井中纵波速度、横波速度和密度数据计算井中弹性波阻抗，在复杂构造框架和多种储层沉积模式的约束下，采用地震分形插值技术建立可保留复杂构造和地层沉积学特征的弹性波阻抗模型，使反演结果符合研究区的构造、沉积和异常体特征。其次，采用广义线性反演技术反演各个角度的地震子波，得到与入射角有关的地震子波。在每一个角道集上，采用宽带约束反演方法反演弹性波阻抗，得到与入射角有关的弹性波阻抗。最后对不同角度的弹性波阻抗进行最小二乘拟合，即可计算出纵横波阻抗，进而获得泊松比等弹性参数。其中，关键技术是基于流体置换模型的井中横波速度反演。有的技术方法主要是基于 Gassman 方程建立起饱和流体岩石弹性模量与干岩石模量、岩石基质模量、混合流体模量之间的关系，计算理论上的纵波速度；另外，借鉴地震反演的思路，通过比较实测纵波速度与计算的理论纵波速度的大小，建立横波预测的目标函数，将该目标函数的最优化问题转化为线性矩阵方程组迭代求解问题，经过 n 次迭代即可求解出合适的拟固结指数，进而可以得到横波速度预测结果[图 4-12(a)、图 4-12(b)]。通过获得测井井中的模拟横波速度曲线，为下一步的计算做准备。

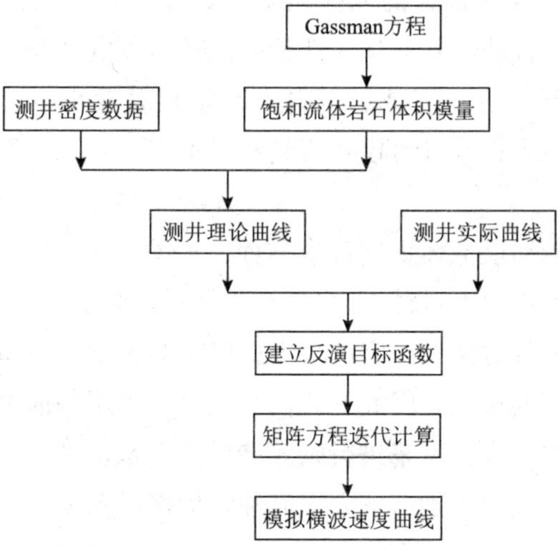

图 4-12(a)　一种横波预测的基本流程示意图

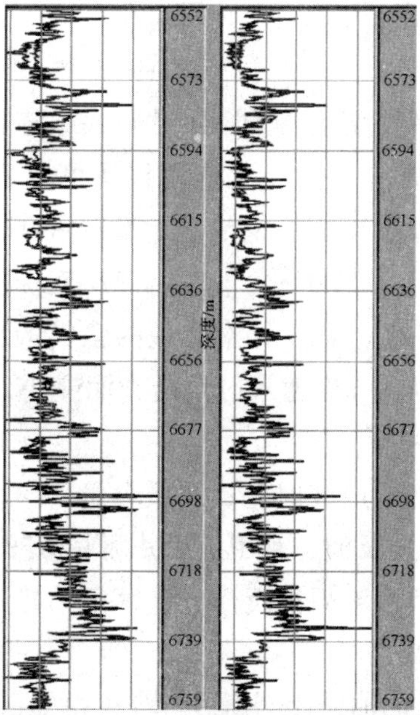

图 4-12(b)　实测及预测 yb2 井的纵波(Ac)、横波(Vs)曲线叠合示意图

4.2.7 AVO/FVO 技术应用实践

礁滩储层的流体识别存在较多困难，主要有这么几个原因：①气藏埋深大，地震资料分辨率低，存在很大的勘探风险；②气藏隐蔽性强，为典型的岩性气藏；③气藏储层相对较薄，且非均质性较强；④地震资料频带窄，叠后属性衰减方法预测存在较大局限性；⑤地震资料入射角相对较小，远偏移距不够，AVO常规属性分析成效不大；⑥气水模式研究相对不够深入，反射特征不够明确且变化较大。

在碳酸盐岩礁滩储层流体识别技术方面，AVO常规属性分析、电阻率反演、动态频谱能量异常参数(DR)反演、多角度扩展弹性阻抗(MEEI)反演、瞬时频谱分析技术、低频伴影等方法有一定的成效，但预测精度往往不高，所以气水识别仍然是礁滩储层勘探的难点。因此，我们在此讨论利用叠前地震资料反演获得的流体敏感弹性参数或交会技术来进行礁滩储层的气水识别研究，以期能找到一种更有效的流体检测和气水识别方法，提高油气勘探成功率。

尽管叠前技术仍然存在许多难题，但越来越多的专家认为，只要分析工作做得足够细致、AVO特征分析正确，并充分结合井数据，AVO技术是可以用来定性预测岩性及其含油气性的。

1)涪陵地区长兴组

从图4-13中可以看到，涪陵地区xl1井长兴组道集的振幅随偏移距增大而增大，属于Ⅲ类AVO异常。同时经过流体替换可以看出：①当我们假设储层100%含水时，储层底板反射正演振幅基本上没有AVO异常显示(振幅随入射角不发生变化)；②当我们假设100%含气时，储层底板反射正演出的振幅与原始道集中的反射振幅基本一致，AVO异常体现的含气特征也相应一致；③无论含水或含气储层段的振幅(波谷)均随入射角增大而变小，但含气时振幅(波谷)减小的梯度比含水的大。

利用xl1井、yun18井的声波时差、泥质含量、含水饱和度、孔隙度和密度等测井资料进行了横波速度反演，利用这两井测井横波速度和叠前地震角道集数据(三个入射角)进行了弹性波阻抗反演，计算了泊松比、剪切模量、拉梅常数和P波阻抗等岩石弹性参数。

对过yun18、xl1等井的泊松比剖面进行分析得知(图4-14)，长兴组生物礁盖储层表现出低泊松比的特征，但泥岩类也表现出低泊松比的特点，这在实际操作中要加于进行区分(例如可使用去泥质反演实施去除泥质，突出礁滩相储层的

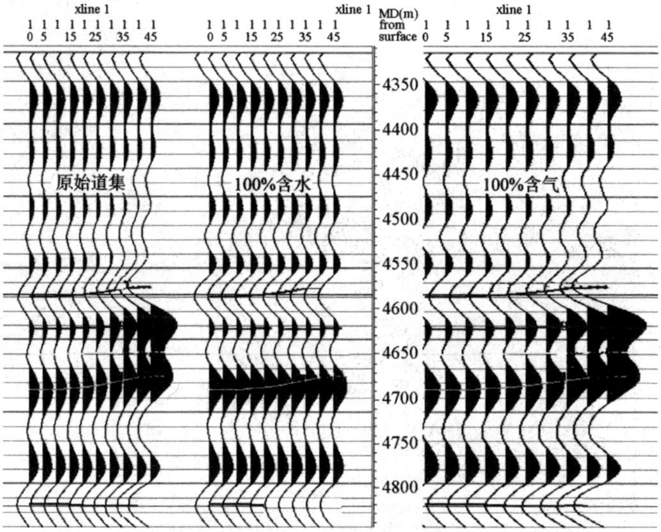

图 4-13　涪陵地区 xl1 井长兴组储层流体替换正演模拟示意图

响应)。本次涪陵地区礁滩相储层预测时窗门限为取飞一段底向下 10~20ms 之间，把长兴组礁盖储层段基本上包括进去，提取其相关属性并预测其平面展布范围。根据涪陵地区长兴组储层泊松比率平面图(图 4-15)可知，礁滩相储层的泊松比率大多数处于 0.265~0.34 之间(如 xl1、xl2 井井区)，泥岩类的泊松比率则低于 0.265(如 yun18 井井区)，预测成果也与其他如波形分类所得的礁滩相储层分布区域大致吻合。

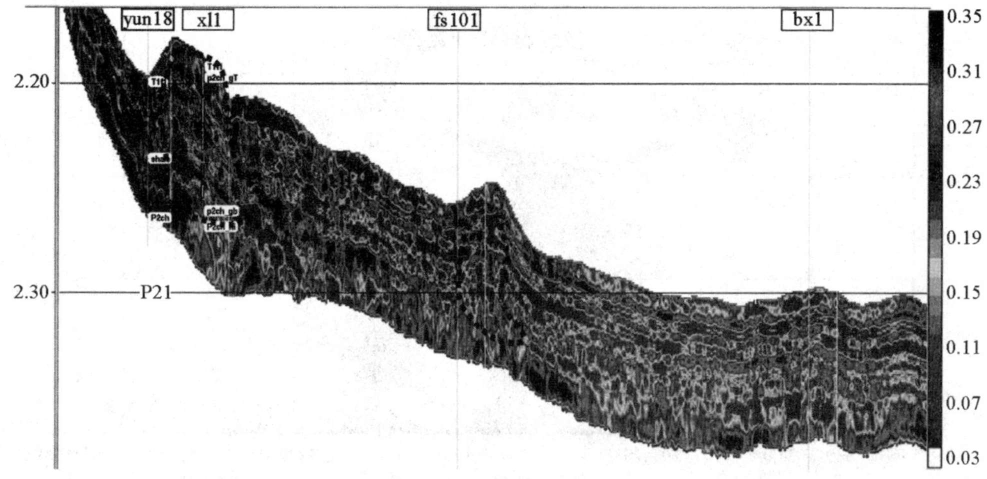

图 4-14　过 yun18、xl1、fs101、bx1 井的长兴组储层泊松比率剖面图(虚线为礁体的位置)

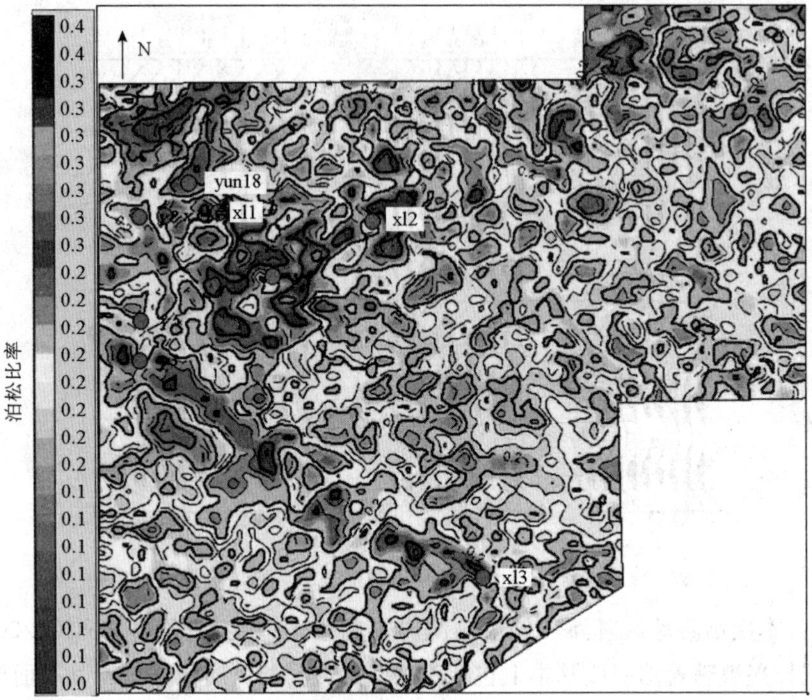

图 4-15　涪陵地区长兴组储层泊松比率平面图

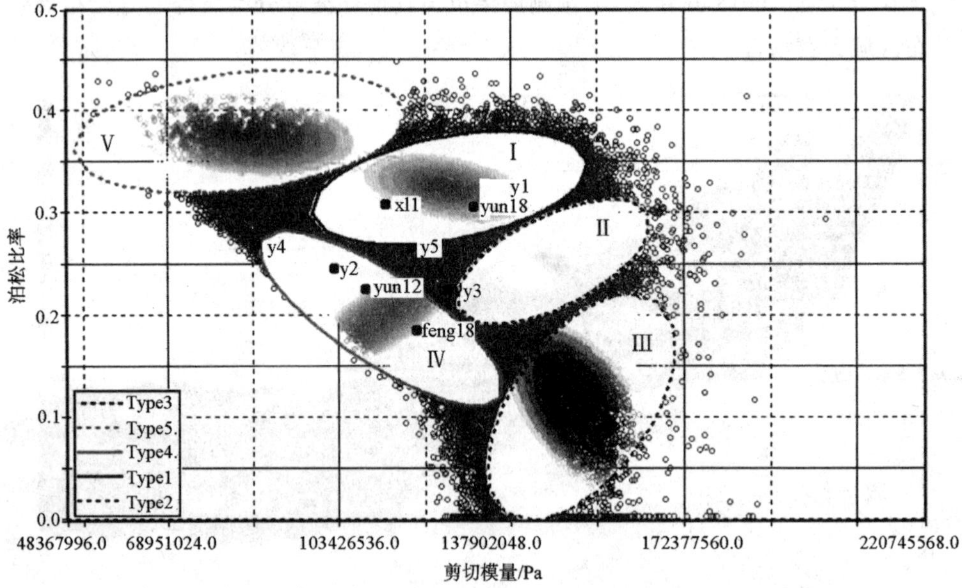

图 4-16　涪陵地区长兴组礁滩相储层预测分类解释交会图

叠前弹性波阻抗反演主要利用泊松比与剪切模量两种属性进行交会解释(图4-16)，根据川东北海相礁滩储层特征并结合 xl1 井、yun18 井长兴段钻井资料，把研究区内预测的礁滩储层段在平面内划分为五个不同的区域，分为Ⅰ~Ⅴ类。不同的区域可解释为具有不同的含气性及流体(水)存在特征，其中Ⅰ类为富含气储层，Ⅱ类为中等含气储层，Ⅲ类为弱含气储层，Ⅳ类为差储层或含水储层，Ⅴ类则为致密储层。

通过交会解释的储层类型投影到平面图上(图4-17)可以看出，含气储层在平面上的分布情况是：基本上与生物礁沉积相相吻合，但也有些局部上的细微差别，如弯月状礁的南部，其礁后滩储层相对发育，而长条状礁则只有礁盖储层相对发育，且其礁带上的 NW 部比 ES 部位储层含气性好，总体上该长礁带内的含气储层比较不均匀，见图中长条状礁内的灰色区域(Ⅳ类)——位于构造低部位，构造低部位的礁滩相储层往往含水。这个特点也与元坝地区长兴组生物礁有些类似，如 yb9 井也在礁盖储层中钻遇水层(构造低部位)。另外，有的滩相也表现出含、气水的差异，在该平面图上也能看到这样的情况。因此，采用叠前属性进行交会法实施流体检测也是适用的，具有一定的准确性。

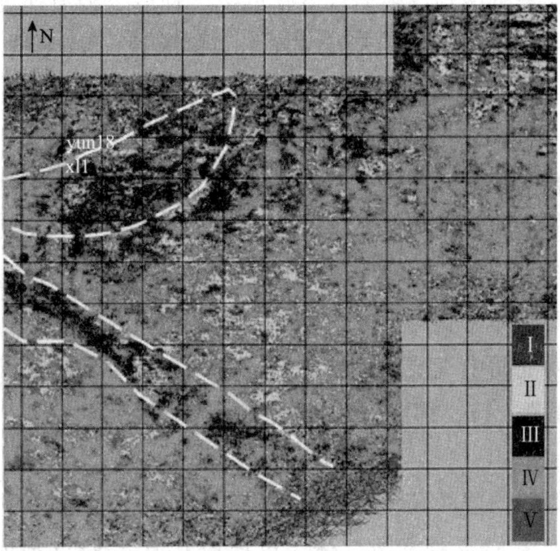

图4-17　涪陵地区长兴组礁滩相储层预测分类平面图(虚线为礁体的平面位置)

涪陵研究区内现有钻井不多，只有 yun18 井及 xl1 井，xl1 井在长兴组钻遇良好的礁盖储层，而 yun18 井则钻遇差储层，微弱含气。从平面图上也能看到，yun18 井钻在Ⅱ、Ⅲ区域内，储层不是很发育，该井长兴组储层与周边的储层发育区域不相连。而 xl1 井则钻在灰黑色区域内，为Ⅰ类，并且周边储层相对发育，可见储层预测结果与钻井资料分析吻合较好。该区礁盖储层与元坝地区长兴组相类似，但也必须注意的是，并不是所有生物礁上都发育有良好的礁盖储层，这必须看储层段具体预测情况。涪陵地区叠前流体预测的几点认识如下：

(1)叠前弹性波阻抗反演能较好的区分出礁滩相储层的含气性及平面分布范围，适于流体检测，但也要注意泥岩类的影响。

(2)交会法通过结合储层响应两个属性参数进行储层解释，可靠度较高，对流体检测能力相对较强。

(3)礁滩相储层的发育具有不均匀性，所含流体的性质可能与构造部位相关，如构造低部位的礁滩相储层可能还发育水层，高部位的礁滩相储层含气的可能性较大。

2)元坝地区长兴组

(1)FVO 梯度。

AVA(Amplitude Variation with Angle)分析是在 Zoeppritz 方程基础上发展起来的，通过处理地震数据随着不同入射角地震反射属性，得到地震属性随着入射角变化而改变，研究分析得到反映岩性变化的纵波速度、横波速度、泊松比、截距与梯度剖面，预测裂缝储层的发育及分布。总的来说，AVA 技术是 AVO 技术的一种变形。当然，FVA 技术(频率类属性随入射角变化而变化)也是 FVO 技术的一种变形。

利用角道集数据体可以预测含气型的礁滩型储层。角道集地震数据是在地震资料处理中，根据地震数据入射角不同而得到的不同入射角地震数据(简称 AVA 道集)。对地震资料进行处理得到不同角道集数据，再利用叠前反演技术对地震角道集数据进行反演即可获得不同角度的弹性波阻抗。对于 AVA 属性剖面来说，一般情况下在梯度剖面中气层呈负的大值异常，在截距剖面上气层呈正的大值异常。也可以联合截距(A)、梯度(B)剖面作 $A-B$ 剖面，在 $A-B$ 剖面上气层呈负的大值异常。

针对礁滩相裂缝储层的预测，利用 CRP 道集数据实施衰减梯度属性的 FVO 计算，得到元坝地区 FVO 梯度数据体，可提取其过井 FVO 梯度剖面(图 4-18)或平面图(图 4-19)进行分析。从研究成果上可知道当礁滩裂缝储层含气时，其梯度值也是呈负值状态，这种情况也与普光地区的飞仙关组含气滩相的情况较为一致，并与井上的储层段位置吻合较好。图 4-18 中的井柱子上的白色短柱就是测井资料分析得到的储层段位置，可见礁滩相储层段与 FVO 的梯度的负值(灰黑—白色)对应较好。总的来说，裂缝+孔隙型碳酸盐岩储层的FVO梯度呈负、低值异常反映(灰黑—白色)，储层致密则FVO梯度呈正、高值反映(图中的黑色区域)。

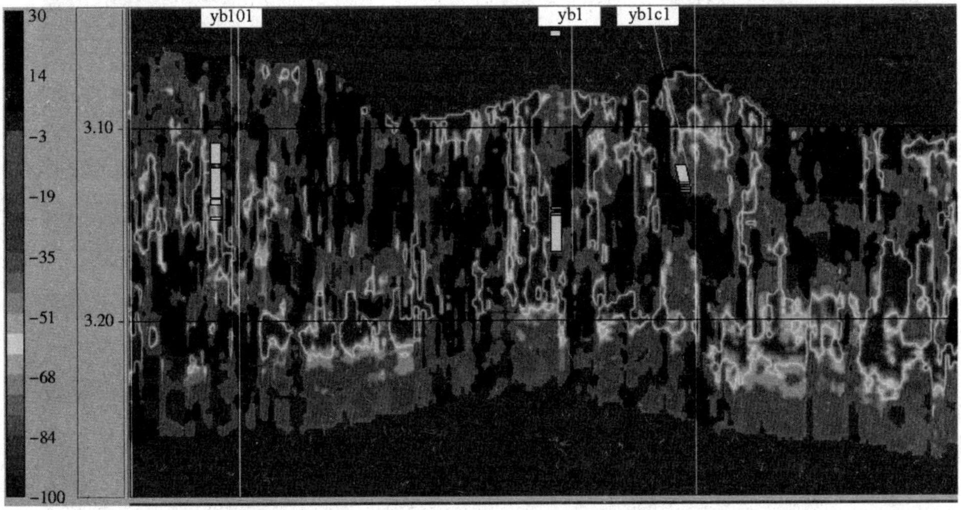

图4-18　元坝地区过yb1c1、yb1、yb101井的连井FVO梯度剖面图

(2)泊松比分析。

研究成果表明泊松比值σ在0~0.5范围内(理想不可压缩的材料的泊松比系数等于5)，泊松比大致反映了岩石的特征。按照岩石泊松比的变化，尤其是含不同流体后岩石的变化，可以进行岩石的横向追踪，判断岩石的含油、气、水特征。在区域环境相同的岩石特征背景下，泊松比异常的地方很可能就是流体变化的地方或储层裂缝相对发育的位置。根据该区的岩样物理性质分析结果：礁滩相白云岩中饱气情况下泊松比值在0.33左右，裂缝发育时可下降到0.31，饱含水情况下泊松比值在0.28左右。在实际反演中，yb9井储层段处相对于yb1-c、yb11、yb12井处泊松比值较低，在0.289左右为含水反映，而含气井(yb1-c、yb11、yb12井)储层段的泊松比值在0.309左右，也表明该储层段裂缝相对较发育。

对此，从纵向上做了一条过yb1-c、yb11、yb12、yb9井泊松比σ连井剖面(见图4-20)，各井都处在该区长兴组礁滩相带内，钻井资料显示，yb11、yb12井钻遇滩相，而yb1-c及yb9井则钻遇礁相。从图4-20上可看到，在A点两边，泊松比剖面出现明显差异。整体上左高右低，目的层段(飞仙关一段底至长兴组底之间)左边从色带上以灰白、淡白色为主体，右边则以灰、黑色为主体。

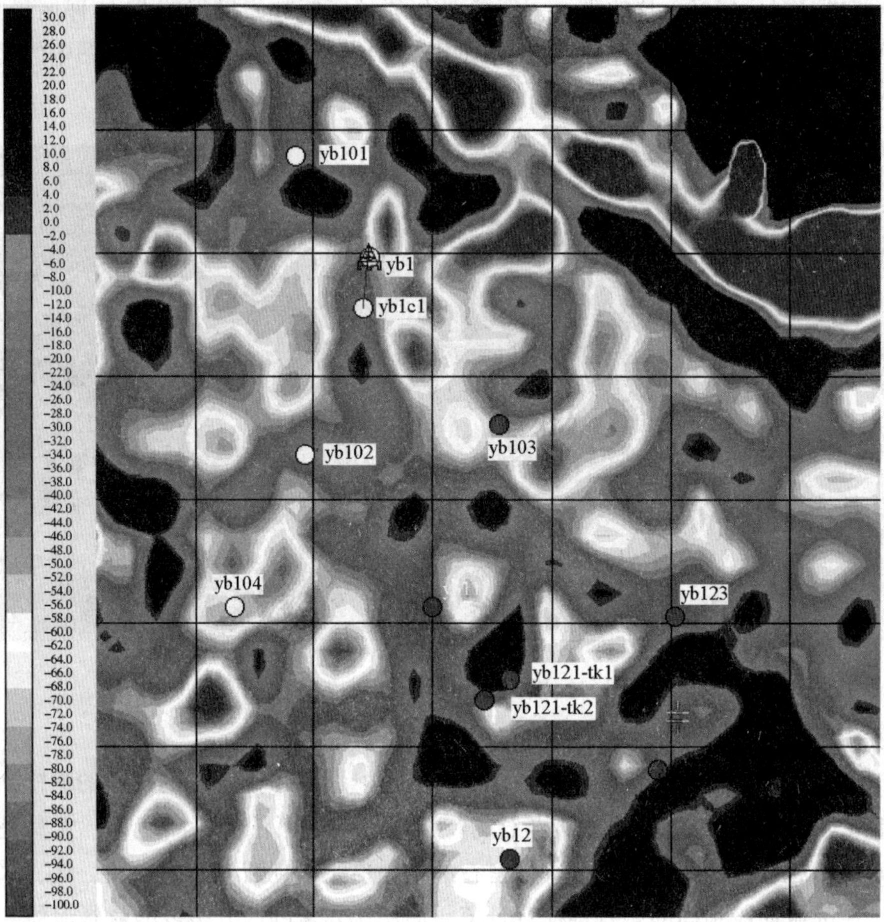

图 4-19　元坝地区长兴组 FVO 梯度平面图

所以，根据颜色上的差异推测两边的岩石物理性质有较大的改变。从图中各井的储层段分布位置来分析，已知含气储层段在色带上基本为淡白色—灰白色，泊松比值实测为 0.33 左右，这与岩石物理特征分析相同，而储层底部(非储层)为 0.30 以下(灰色、黑色)，这也表明该区围岩含泥质。而 yb9 井储层段在色带基本上为黑色、灰色(图中 cc1 ~ cc2、cc3 ~ cc4、cc5 ~ cc6 之间的层段)，储层段泊松比值比含气的泊松比值还低，但其储层底部(非储层)为 0.28 左右(黑色)，与其上部飞一段泥页岩段的泊松比值基本相同，也表明岩石含泥质成分相对较重，这个特征与 *A* 点左边是截然不同的。钻井揭示(yb9 井)钻遇水层，经大量的化学成分分析，该水呈酸性。酸性水对礁滩相的岩层酸化腐蚀比天然气对岩层的腐蚀要强得多，故其对后期碳酸盐岩的孔洞、裂缝等改造比含气的大，这也使得本来岩性相同的岩石物理性质出现较大的变化，使其泊松比值明显偏低。

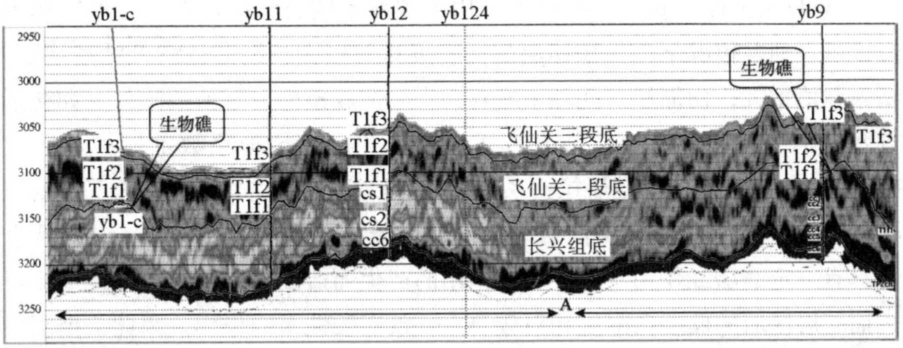

图 4-20　过 yb1-c、yb11、yb12、yb9 井泊松比 σ 连井剖面图

(3) λρ 分析。

利用 λρ 分析技术来实现碳酸盐岩储层裂缝含流体的识别问题，该技术较好地实现了对礁滩相储层裂缝的预测及识别(图 4-21)。图中可见 yb271、yb27、yb272 井均位于构造的较高部位，而 yb222 井及 yb224 井位于构造低部位。从剖面上可以看到，生物礁顶上的储层的 λρ 值基本上为灰白色(小值)，而低部位的 λρ 为高值，呈淡黑色、黑色，两者易于区分。这样可以认为储层 λρ 为低值时(灰白区域)，为该礁体中的有利含气储层段，而淡黑色、黑色层段推测为该礁体中的含水或致密非储层，这也与天然气和水在运移过程中产生分离有关——气一般往构造高部位中的裂缝或孔隙储层进行充注，而致使水在构造低部位的储层中聚集；另外，这也体现出礁体顶部的裂缝及孔隙相对发育，由于礁体的形状及与围岩存在物性上的差异，也使其在区域构造应力的作用下往往易于产生裂缝。

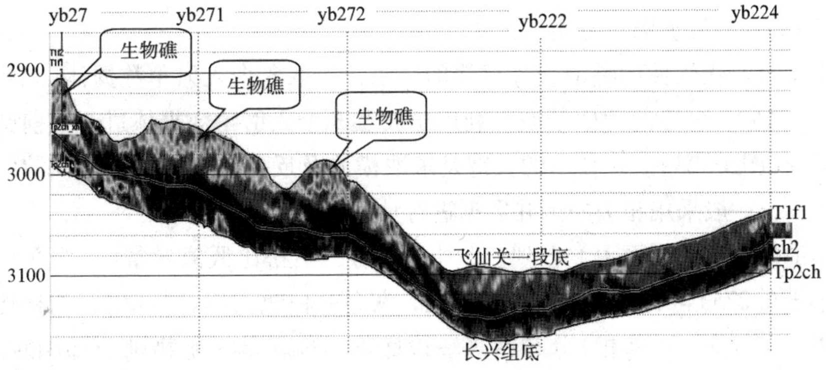

图 4-21　过 yb27、yb271、yb272、yb222、yb224 井的 λρ 连井剖面图

(4)拉梅系数分析。

在AVO反演中，拉梅系数也可以用于预测不同类型的流体，并取得相关的研究成果。通常情况下，如果储层的孔隙度相对较大，则会造成P波速度下降，拉梅系数值增大；而储层的孔隙不发育，则会造成拉梅系数值的降低。如在某区的气水识别检测中，拉梅系数发挥了重要作用。从拉梅系数剖面中可以看到(图4-22)，气水混合的储层拉梅系数值相对较高(图中灰黑色)，而气层的拉梅系数值相对较低(灰白色)，推测气水混合区域的孔隙度相对较高——酸性水对岩石具有一定的腐蚀作用，由于腐蚀作用的产生而造成该区域的孔隙度值相对较高，而气层区域的储层孔隙度相对较小——没有酸性水的作用。因此，推测气水混合区域的储层纵波速度下降相对比气层区域的储层高，从而使气水混合区域的拉梅系数值相对高于含气区域的拉梅系数。

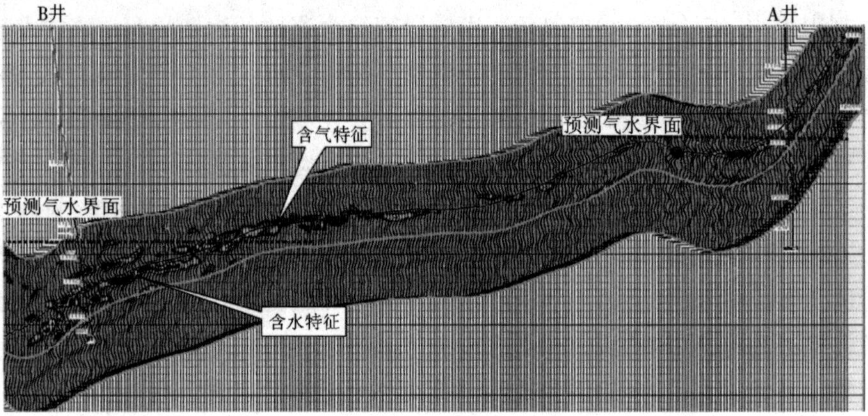

图4-22　过A、B井的拉梅系数连井剖面图

(5)叠前弹性波阻抗分析。

根据商业化软件的叠前弹性反演的要求，提取3个入射角数据体(入射角分别为8°、16°、24°)的井中子波，利用子波及3个入射角数据体进行叠前弹性波阻抗反演(图4-23)。该技术的关键是求取横波及反演的子波，鉴于横波的实测相对较少，一般采用相关的测井数据进行计算求取横波。

从泊松比系数剖面图上看到(见图4-24)，泊松比低值异常(图中灰黑色部分，小于0.275)可为Ⅱ、Ⅲ类含气储层，灰色—白色为不含气储层(泊松比值大于0.275)。上储层(礁相)分布在飞一段底部，也就是在生物礁顶部相对发育，分布连续性较差，而下储层(滩相)则分布于长兴组底之上，储层异常形态清楚，也较为断续。这些特点在平面图上也能看到(见图4-25)，储层划分情况和剖面相同。上储层中的礁相盖层储层发育(图中灰白色区域)，基本上沿台地边缘生物礁相带展布(图中两黑色实线内为生物礁所在的平面位置，下同)，而其台地边缘滩储层则相对不发育，图中灰色—黑色部位，而滩相储层(图中点-划线内，下同)呈斑块状分布[见图4-25(a)]。下储层则主要以滩相储层为主，从图4-25(b)中看到礁后滩相储层相对较发育，在礁后呈大片分布。这是因为生物碎屑往往在礁后滩中沉积下来，这里的水动力相对较弱，成岩孔隙度高。而生物礁带则具有泊松比系数高值，可推测这些部位为礁核相对富集部位，这表明元坝地区长兴组的礁核孔隙性较差，另从剖面图上(图4-24)看到生物礁的礁核部位储层较差(泊松比值相对较高，大于0.335)，钻井资料也证实了这种情况。在早期生屑滩储层分布平面图中[见图4-25(c)]，生屑滩储层分布也较为广泛，基本上以yb121井及yb123井附近为中心，面积较大，与长兴组沉积早期局部高地貌区吻合性较好，为白云化较发育区，而斜坡处低值异常区可推测为生物碎屑堆积较多的区域，造成该部位孔隙度较高，形成泊松比低值异常。而潮道及潮道沉积区域由于含泥质较重，储层物性差，往往表现出高泊松比的特点。

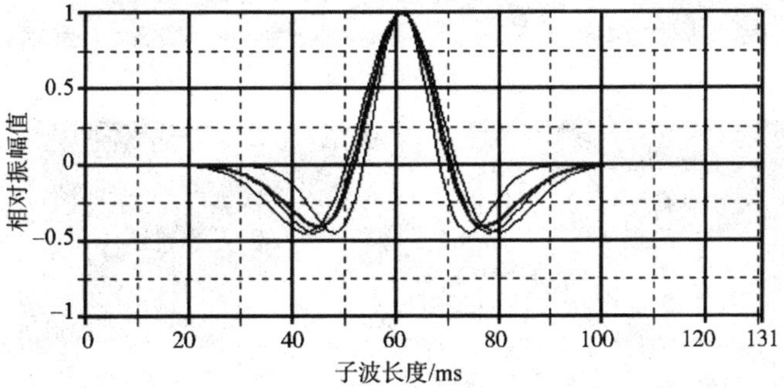

图4-23　元坝地区yb2井3个入射角子波及平均子波示意图

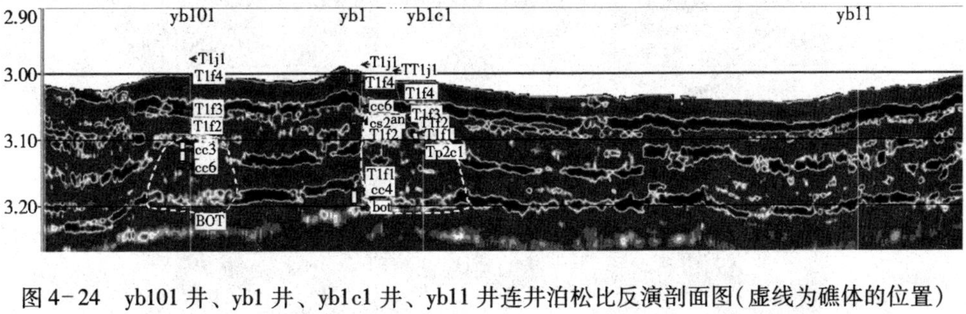

图4-24　yb101井、yb1井、yb1c1井、yb11井连井泊松比反演剖面图(虚线为礁体的位置)

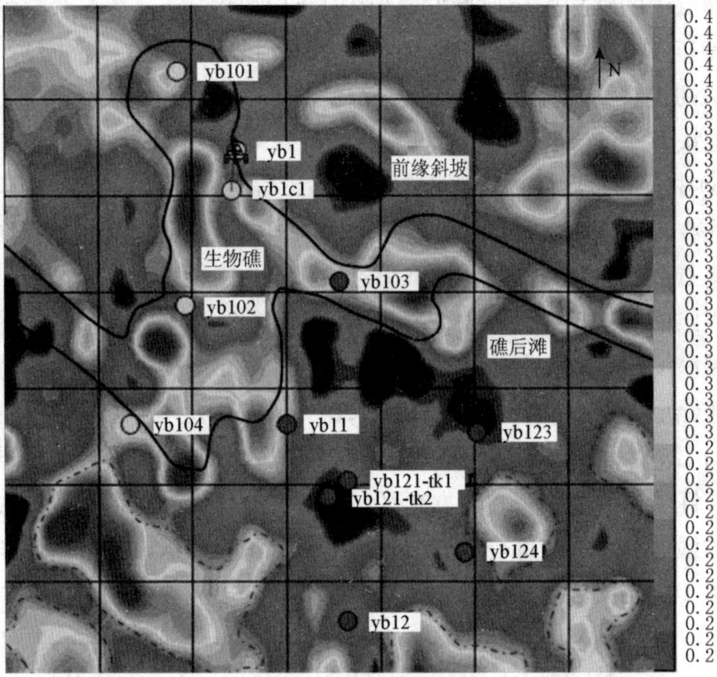

（a）台地边缘礁盖型储层

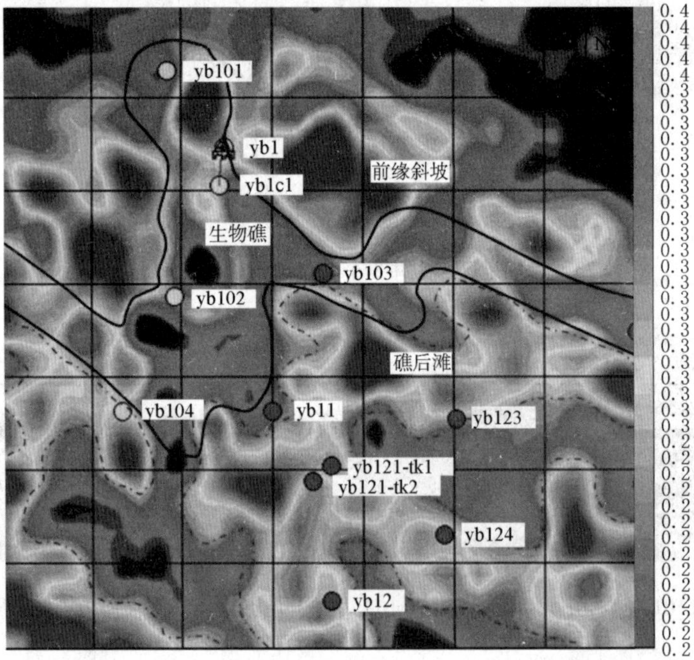

（b）礁后滩相储层

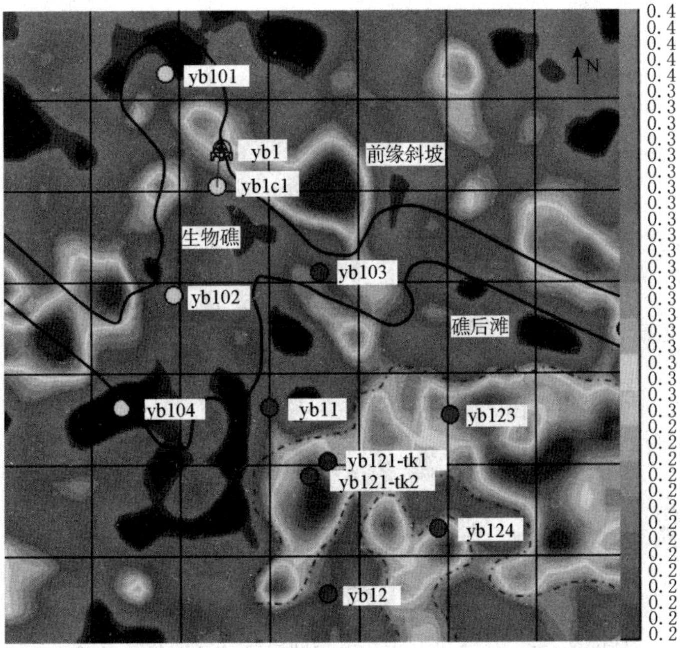

（c）早期生屑滩相储层

图 4-25　元坝地区长兴组储层泊松比系数平面图

yb12 井的长兴组储层段 FMI 图像显示（图 4-26）溶孔、洞发育（黑色影像），且连通性良好。通过对该区长兴组礁滩储层岩心样品的观察，长兴组储层发育大的溶孔、溶洞，不仅溶蚀性好，而且溶孔、溶洞之间连通性较好，展示了该地区良好的天然气勘探前景。

yb1c1 井长兴组上储层酸压测试，获 $50.3\times10^4 m^3/d$ 高产工业气流，储层段泊松比低值特征明显，与钻井情况吻合很好。yb12 井在长兴组滩相储层经酸化测试，获日产 $53.14\times10^4 m^3/d$ 高产工业天然气流，稍后的 yb11 井也在滩相中测试获 $51\times10^4 m^3/d$ 工业天然气流。yb101 井在长兴组礁盖储层试获 $32\times10^4 m^3/d$ 工业天然气流，这些井长兴组储层段都表现出泊松比低值特点，符合Ⅱ、Ⅲ类含气储层划分特征，可见预测成果与钻井情况吻合较好。另从钻井钻遇的储层分析，yb101 井、yb102 井及 yb1c1 井以礁盖储层为主，yb12 井、yb11 井则以滩相储层为主，yb102 井也存在一定的滩相储层，厚度较薄，见图 4-24（b）中的环状的点-线窄条带，yb102 井位于其中。后来部署的 yb103 等 4 口钻探礁滩相的探井皆位于泊松比低值异常范围，经测试也获得高产工业气流。

图 4-26　yb12 井长兴组滩相储层段 FMI 图像示意图

总之，元坝地区长兴组礁滩储层泊松比低值现象明显，异常范围相对较大，上、下储层叠置，整体含气性较好，为有利的勘探区域。利用三维地震资料，开展开江—梁平古海槽两侧生物礁储层预测研究，对该区的生物礁气藏的勘探开发具有重要意义。

5 结束语

随着相关的勘探技术进步（地球物理技术、钻探技术）及地质认识的深化，礁滩相储层识别与预测不再是世界难题，且与之配套的勘探技术越来越成熟。中石化勘探分公司当年在普光大型礁滩相油气田取得的勘探成功，也使得相关的礁滩相勘探技术日趋成熟、可靠。根据有关的成功经验，中国石化勘探分公司再次发现元坝、涪陵等大型海相礁滩型油气田，从而使礁滩相的勘探技术更为成熟。

礁滩型油田在世界上分布相当广泛，具有很强的勘探潜力。礁滩相储层是海相油气田中的优质储集体。中国石化勘探分公司在四川盆地的礁滩型储层的预测及勘探实践中取得了一些有益的经验，这些都是宝贵的经验。故此希望我们书中的一些礁滩型储层预测成果及方法技术能起到抛砖引玉的作用，给读者一些建议、认识和思考。本次礁滩型储层识别与勘探实践专题研究尽可能收集了元坝、涪陵等地区长兴组礁滩型储层的预测及勘探成果资料，并结合相关储层预测成果进行分析、总结。在对礁滩型储层的识别及预测过程中，我们主要的认识和成果如下：

（1）礁滩型储层的沉积相及古地貌研究相对重要，它可以确定礁滩相的平面和垂向上的分布位置，为后续相关的储层预测提供准确的礁滩相位置信息。

（2）叠后属性及反演技术可以提供礁滩相储层的厚度及空间位置信息，但泥质类往往会对礁滩储层的预测形成干扰。叠后波阻抗反演技术可利用去泥质技术，排除泥岩类对储层预测的干扰；此外，礁滩相储层在地震剖面上往往表现出亮点的反射特征。

（3）各种裂缝预测技术具有各自的优、缺点，大多数情况下使用单一裂缝预测技术难以对整个礁滩相区的裂缝进行全覆盖。其中叠前地震资料可预测微观—中型规模的裂缝（如 P 波各向异性分析技术），叠后地震资料则难以对该级别的裂缝进行预测，但对于识别大级别的宏观裂缝如断裂，使用叠后的相干技术则相对较好。

(4)针对裂缝方向的预测，以构造应力场分析技术所计算的裂缝方向与井上的实测裂缝方向误差较小，其它裂缝预测技术所得的预测结果则与实测结果误差相对较大。

(5)要预测礁滩型储层中的溶孔及裂缝所充填的不同流体，可利用AVO/FVO技术及叠前弹性波阻抗反演中的相关计算属性、交会分析技术实施不同流体预测；而使用叠后地震资料进行烃类检测(如吸收衰减技术)，相对AVO/FVO技术及叠前弹性波阻抗反演来说精确度相对差一些，准确度也差。另外，要注意泥岩类对这些技术预测流体的干扰，在实际操作过程中要将其剔除。

(6)要采用沉积相、裂缝、烃类检测等综合分析及预测手段，实施对研究区的礁滩型储层预测，这样的预测结果相对更为准确、实用。

由于现阶段的油气勘探进程较快，研究时间紧，科研任务相对繁重，有关礁滩型储层预测成果的分析、认识可能不足，存在疏漏在所难免，并且本书成果集成总结的时间相对紧张，再加上作者水平有限，书中错误和分析不妥之处望读者不吝赐教。

参考文献

[1]江怀友，宋新民，王元基，等．世界海相碳酸盐岩油气勘探开发现状与展望[J]．海洋石油，2008，28(4)：6～13.

[2]钟建华，温志峰，李勇，等．生物礁的研究现状与发展趋势[J]．地质论评，2005，51(3)：288～300.

[3]陆亚秋，龚一鸣．海相油气区生物礁研究现状、问题与展望[J]．地球科学(中国地质大学学报)，2007，32(6)：871～878.

[4]罗平，张静，刘伟，等．中国海相碳酸盐岩油气储层基本特征[J]．地学前缘(中国地质大学)，2008，32(6)：36～50.

[5]陆廷清，文应初，强子同，等．中国南方二叠纪海绵礁的成礁模式[J]．古生物学报，1998，37(4)：513～516.

[6]卫平生，刘全新，张景廉，等．再论生物礁与大油气田的关系[J]．石油学报，2006，27(2)：38～42.

[7]Br 库兹涅佐夫．礁地质学及礁的含油气性[M]．李建温译．北京：石油业出版社，1978.

[8]魏喜，邓晋福，谢文彦，等．南海盆地演化对生物礁的控制及礁油气藏勘探潜力分析[J]．地质前缘，2005，12(3)：245～252.

[9]马永生，牟传龙，谭钦银，等．关于开江—梁平海槽的认识[J]．石油与天然气地质，2006，27(3)：326～331.

[10]王一刚，张静，杨雨，等．四川盆地东部上二叠统长兴组生物礁气藏形成机理[J]．海相油气地质，2000，5(1－2)：145～152.

[11]王兴志，张帆，马青，等．四川盆地东部晚二叠世—早三叠世飞仙关期礁、滩特征与海平面变化[J]．沉积学报，2002，20(2)：249～254.

[12]毕长春，李联新，梅燕，等．川东长兴组生物礁分布控制因素及地震识别技术[J]．天然气地球科学，2007，18：(4)：273～284.

[13]陈中强．二叠纪末期的全球淹没事件[J]．岩相古地理，1995，15(3)：34～39.

[14]王一刚，文应初，张帆，等．川东地区上二叠统长兴组生物礁分布规律[J]．天然气工业，1998，18(6)：10～15.

[15]马永生，傅强，郭彤楼，等．川东北地区普光气田长兴—飞仙关气藏成藏模式与成藏过程[J]．石油实验地质，2005，27(5)：455～461.

[16]陈太源．九龙山构造南侧存在长兴组台缘礁的探讨[J]．天然气工业，1989，9(1)：6～9

[17]吴亚生，范嘉松．根据生物礁定量计算茅口期全球海平面变化幅度[J]．中国科学(D辑)，2001，31(3)：231～242.

[18]张廷山，蓝光志，Steve Kershaw. 构造及海面波动对四川盆地志留纪生物礁的控制[J]．石油学报，1999，20(3)：19～24.

[19]王书，胡明毅，胡治华．重庆石柱打风坳二叠系沉积相研究和层序地层分析[J]．石油地质与工程，2008，22(5)：22～25.

[20]陈洪德，钟怡江，侯明才，等．川东北地区长兴组—飞仙关组碳酸盐岩台地层序充填结构及成藏效应[J]．石油与天然气地质，2009，30(5)：539～547.

[21]段金宝，黄仁春，程胜辉，等．川东北元坝地区长兴期—飞仙关期碳酸盐岩台地沉积体系及演化[J]．成都理工大学学报(自然科学版)，2008，35(6)：663～668.

[22]吴熙纯，刘效曾，杨仲伦，等．川东上二叠统长兴组生物礁控储层的形成[J]．石油与天然气地质，1990，11(3)：283～296.

[23]王生海，强子同．四川华蓥山涧水沟上二叠统生物礁[J]．石油与天然气地质，1992，12(2)：147～154.

[24]范嘉松，吴亚生．川东二叠纪生物礁再认识[J]．石油与天然气地质，2002，23(1)：12～18.

[25]王一刚，张静，杨雨，等．四川盆地东部上二叠统长兴组生物礁气藏形成机理[J]．海相油气地质，1997，5(1)：145～152.

[26]牟传龙，谭钦银，余谦，等．川东北地区上二叠统长兴组生物礁组成及成礁模式[J]．沉积与特提斯地质，2004，24(3)：65～71.

[27]牟传龙，马永生，余谦，等．四川宣汉盘龙洞生物礁古油气藏油气源分析[J]．石油实验地质，2005，27(6)：570～574.

[28]马永生，牟传龙，郭彤楼．四川盆地东北部长兴组层序地层与储层分布[J]．地学前缘，2005，12(3)：179～185.

[29]马永生，牟传龙，郭旭升，等．川东北地区长兴组沉积特征与沉积格局[J]．地质论评，2006，52(1)：25～29.

[30]王瑞华，牟传龙，谭钦银，等．达县—宣汉地区长兴组礁滩白云岩成岩作用与成岩环境研究[J]．沉积与特提斯地质，2006，26(1)：30～36.

[31]耿威，郑荣才，李爽，等．开江—梁平台内海槽东段长兴组礁、滩相储层特征[J]．成都理工大学学报，2008，35(6)：639～647.

[32]刘划一，王一刚，杨雨，等．川东上二叠统生物礁气藏多元信息综合预测方法研究[J]．天然气工业，1999，19(4)：13～17.

[33]范嘉松，郭丽．川东上二叠统礁相及其储集层特征究[J]．海相油气地质，2000，5(1)：215.

[34]范嘉松，吴亚生．世界二叠纪生物礁的基本特征及其古地理分布[J]．古地理学报，2005，7(3)：287～304.

[35]赵俊兴，陈洪德，向芳．高分辨率层序地层学方法在沉积前古地貌恢复中的应用[J]．成都理工大学学报(自然科学版)，2003，30(1)：76～81.

[36]赵俊兴，陈洪德，时志强．古地貌恢复技术方法及其研究意义——以鄂尔多斯盆地侏罗纪沉积前古地貌研究为例[J]．成都理工学院学报，2001，28(3)：260～266.

[37]文华国，郑荣才．四川盆地东部黄龙组古岩溶地貌研究[J]．地质论评，2009，55(6)：816～826.

[38]洪余刚，陈景，代宗仰，等．古地貌恢复在风化壳岩溶型储层研究中的应用——以川中一川南过渡带奥陶系为例[J]．大庆石油地质与开发，2007，26(1)：1～5.

[39]王宏斌，张虎权，孙东，等．风化壳岩溶储层地质地震综合预测技术与应用——以塔中北部斜坡带下奥陶统为例[J]．天然气地球科学，2009，20(1)：131～137.

[40]刘小平，孙冬胜，吴欣松，等．古岩溶地貌及其对岩溶储层的控制——以塔里木盆地轮古西地区奥陶系为例[J]．石油实验地质，2007，29(3)：265～268.

[41]拜文华，吕锡敏，李小军，等．古岩溶盆地岩溶作用模式及古地貌精细刻画[J]．现代地质，2002，16(3)：292～298.

[42]蔡佳琼．东南盆地古近系古地貌恢复及其对层序样式和沉积特征的控制[D]．武汉：中国地质大学(武汉)，2009.

[43]肖笛，谭秀成，山述娇，等．四川盆地南部中二叠统茅口组古岩溶地貌恢复及其石油地质意义[J]．地质学报，2014，88(10)：1992～2002.

[44]王开燕，徐清彦，张桂芳，等．地震属性分析技术综述[J]．地球物理学进展，2013，28(2)：815～823.

[45]王永刚，乐友喜，张军华．地震属性分析技术[M]．山东：中国石油大学出版社，2007，97～100.

[46]郭华军，刘庆成．地震属性技术的历史、现状及发展趋势[J]．物探与化探，2008，32(1)：19～22.

[47]肖西，党杨斌，唐玮，等．地震属性分析技术在饶阳凹陷路家庄地区的应用[J]．长江大学学报(自然版)，2011，8(5)：40～42.

[48]董文波，胡松，任宝铭，等．地震属性技术在克拉马依油田滑塌浊积岩圈闭勘探中的应用[J]．工程地球物理学报，2011，8(1)：87～90.

[49]王咸彬，顾石庆．地震属性的应用与认识[J]．石油物探，2004，43(S)：25～27.

[50]熊冉，刘玲利，刘爱华，等．地震属性分析在轮南地区储层预测中的应用[J]．特种油气藏，2008，15(8)：34～43.

[51]郑忠刚，崔三元，张恩柯. 地震属性技术研究与应用[J]. 西部探矿工程，2007，19(5)：86～88.

[52]张延玲，杨长春，贾曙光. 地震属性技术的研究和应用[J]. 地球物理学进展，2005，20(4)：1129～1133.

[53]王利田，苏小军，管仁顺，等. 地震属性分析在彩16井区储层预测中的应用[J]. 地球物理学进展，2006，21(3)：922～925.

[54]吕公河，于常青，董宁. 叠后地震属性分析在油气田勘探开发中的应用[J]. 地球物理学进展，2006，21(1)：161～166.

[55]吴雨花，桂志先，于亮，等. 地震属性分析技术在西南庄－柏各庄地区储层预测中的应用[J]. 石油天然气学报，2007，29(3)：391～393.

[56]郝骞，张晶晶，李鑫，等. 地震属性油气储层预测技术及其应用[J]. 湖北大学学报，2010，32(3)：339～343.

[57]代瑜. 叠后地震属性在温米油田三间房组储层描述中的应用[D]. 北京：中国石油大学，2010.

[58]罗忠辉，冷军. 地震属性分析在潜江凹陷储层预测中的应用[J]. 石油天然气学报，2010，32(1)：228～231.

[59]胡斌，张亚军，王俐，等. 地震属性技术与储层预测[J]. 小型油气藏，2002，7(1)：24～29.

[60]唐晓川，孙耀华，吴亚东，等. 地震属性技术在桑塔木碳酸盐岩储层预测中的应用[J]. 河南石油，2005，19(4)：13～15.

[61]李敏. 地震属性技术研究及其在关家堡储层预测中的应用[D]. 陕西：西北大学，2005：11～12.

[62]万琳. 地震属性分析及其在储层预测中的应用[J]. 油气地球物理，2009，74(3)：43～46.

[63]宁松华. 地震属性分析在托浦台储层预测中的应用[J]. 石油天然气学报，2006，28(5)：70～73.

[64]刘威，罗珊珊，李银婷，等. 地震属性技术在碳酸盐岩储层预测及其应用[J]. 石油化工应用，2011，30(5)：67～69.

[65]刘文岭，牛彦良，李刚，等. 多信息储层预测地震属性提取与有效性分析方法[J]. 石油物探，2002，41(1)：100～106.

[66]袁野，刘洋. 地震属性优化与预测新进展[J]. 勘探地球物理进展，2010，33(4)：229～237.

[67]倪逸，杨慧珠，郭玲萱，等. 储层油气预测中地震属性优选问题探讨[J]. 石油地球物理勘探，1999，34(6)：614～626.

[68]陈学海，卢双舫，薛海涛，等. 地震属性技术在北乌斯丘尔特盆地侏罗系泥岩预测中的

应用[J]. 中国石油勘探，2011，16(2)：67 ~ 71.
[69]印兴耀，周静毅. 地震属性优化方法综述[J]. 石油地球物理勘探，2005，40(4)：482 ~ 489.
[70]高林，杨勤勇. 地震属性技术的新进展[J]. 石油物探，2004，43(S)：10 ~ 16.
[71]鲍祥生，尹成，赵伟，等. 储层预测的地震属性优选技术研究[J]. 石油物探，2006，45(1)：28 ~ 33.
[72]周静毅. MDI 地震属性技术在储层预测中的应用[J]. 海洋石油，2008，28(3)：6 ~ 10.
[73]刘立峰，孙赞东，杨海军，等. 缝洞型碳酸盐岩储层地震属性优化方法及应用[J]. 石油地球物理勘探，2009，44(6)：747 ~ 754.
[74]张洪波，王纬，顾汉明. 高精度地震属性储层预测技术研究[J]. 天然气工业，2005，25(7)：35 ~ 37.
[75]秦月霜，陈显森，王彦辉. 用优选后的地震属性参数进行储层预测[J]. 大庆石油地质与开发，2000，19(6)：44 ~ 45.
[76]宫健，许淑梅，马云，等. 基于地震属性的储层预测方法_ 以永安地区永 3 区块沙河街组二段为例[J]. 海洋地质与第四纪地质，2009，29(6)：95 ~ 102.
[77]邵锐，孙彦彬，于海生，等. 基于地震属性各向异性的火山机构识别技术[J]. 地球物理学报，2011，54(2)：343 ~ 348.
[78]栾颖，冯晅，刘财，等. 波阻抗反演技术的研究现状及发展[J]. 吉林大学学报(地球科学版)，2008，38(S)：94 ~ 98.
[79]卢占武，韩立国. 波阻抗反演技术研究进展[J]. 世界地质，2002，21(4)：372 ~ 376.
[80]邹冠贵，彭苏萍，张辉，等. 地震递推反演预测深部灰岩富水区研究[J]. 中国矿业大学学报，2009，38(3)：390 ~ 395.
[81]杨立强. 测井约束地震反演综述[J]. 地球物理学进展，2003，18(3)：530 ~ 534.
[82]杨绍国，杨长春. 一种基于模型的波阻抗反演方法[J]. 物探化探计算技术，1999，21(4)：330 ~ 338.
[83]张永华，步清华，杨春峰，等. 测井宽带约束反演技术在油藏描述中的作用[J]. 河南石油，1999，13(3)：1 ~ 5.
[84]刘莹. 利用测井约束反演技术辨别气层与煤层[J]. 石油物探，1999，38(4)：51 ~ 56.
[85] Backus GE , Gilbert JF. Numerical application of a formulism for geophysical inverse [J] . Geophys . J. R. astr. 1967，13：247 ~ 276.
[86]马劲风，王学军，钟俊，等. 测井资料约束的波阻抗反演中的多解性问题[J]. 石油与天然气地质，1999，20(1)：7 ~ 10.
[87]刘春成，赵立，王春红，等. 测井约束波阻抗反演及应用[J]. 中国海上油气(地质)，2000，14(1)：64 ~ 67.
[88]刘彦君，刘大锰，年静波，等. 沉积规律控制下的测井约束波阻抗反演及其应用[J]. 大

庆石油地质与开发，2007，26(5)：133～137.
[89]王香文，刘红，滕彬彬，等．地质统计学反演技术在薄储层预测中的应用[J]．石油与天然气地质，2012，33(5)：730～735.
[90]何火华，李少华，杜家元，等．利用地质统计学反演进行薄砂体储层预测[J]．物探与化探，2011，35(6)：804～808.
[91]Rothman D H. Geostatistical inversion of 3－D seismic data for thinsand delineation[J]. Geophysics，1998，51(2)：332～346.
[92]李方明．地质统计反演之随机地震反演方法——以苏 M 盆地 P 油田为例[J]．石油勘探与开发，2007，34(4)：451～455.
[93]孙思敏，彭仕宓．地质统计学反演方法及其在薄层砂体储层预测中的应用[J]．西安石油大学学报(自然科学学报)，2007，22(1)：41～44.
[94]孙思敏，彭仕宓．地质统计学反演及其在吉林扶余油田储层预测中的应用[J]．物探与化探，2007，31(1)：51～54.
[95]王家华，王镜惠，梅明华．地质统计学反演的应用研究[J]．吐哈油气，2011，16(3)：201～204.
[96]Dubrule O，Thibaut M，Lamy P，et al. Haas，Geostatistical reservoir aracterization constrained by 3d seismic data[J]. Petroleum science，1998(4)：121～128.
[97]Haas A，Dubrule O. Geostatistical inversion－A sequential method for stochastic reservoir modeling constrained by seismic data[J]. First Break，1994，13(12)：61～569.
[98]宁松华，曹森，刘雷颂，等．地质统计学反演在三道桥工区储层预测中的应用[J]．石油天然气学报(江汉石油学院学报)，2014，36(7)：52～54.
[99]叶云飞，刘春成，刘志斌，等．地质统计学反演技术研究与应用[J]．物探化探计算技术，2014，36(4)：446～450.
[100]撒利明．基于信息融合理论和波动方程的地震地质统计学反演[J]．成都理工大学学报(自然科学版)，2003，30(1)：60～63.
[101]苏云，李录明，钟峙，等．随机反演在储层预测中的应用[J]．煤田地质与勘探，2009，37(6)：63～66.
[102]张建林，吴胜和．应用随机模拟方法预测岩性圈闭[J]．石油勘探与开发，2003，30(3)：114～116.
[103]郑爱萍，刘春平．随机模拟在储层预测中的应用[J]．江汉石油职工大学学报，2003，16(3)：34～36.
[104]张志伟，王春生，林雅平，等．地震相控非线性随机反演在阿姆河盆地 A 区块碳酸盐岩储层预测中的应用[J]．石油地球物理勘探，2011，46(2)：304～310.
[105]周学先．地震储层裂缝发育带预测．中国石油勘探开发百科全书勘探卷[M]．北京：石油工业出版社．2008：997.

[106]王延光，杜启振．泥岩裂缝性储层地震勘探方法初探[J]．地球物理学进展，2006，21(2)：494～501.

[107]苏朝光，刘传虎，王军，等．相干分析技术在泥岩裂缝油气藏预测中的应用[J]．石油物探，2002，41(2)：197～201.

[108]张昕，郑晓东．裂缝发育带地震识别预测技术研究进展[J]．石油地球物理勘探，2005，40(6)：724～730.

[109]张广智，郑静静，印兴耀．基于 Curvelet 变换的多尺度性识别裂缝发育带[J]．石油地球物理勘探，2011，46(5)：757～762.

[110]桂志先，段天友，易远元．裂缝性储层纵波地震检测方法研究[J]．石油天然气学报(江汉石油学院学报)，2007，29(4)：75～79.

[111]苟量，彭真明．小波多尺度边缘检测及其在裂缝预测中的应用[J]．石油地球物理勘探，2005，40(3)：309～313.

[112]黄捍东，魏修成，叶连池，等．分形边缘检测在裂缝预测中的应用[J]．石油地球物理勘探，2002，37(1)：65～68.

[113]迟新刚，贺振华，黄德济．三维地震模糊边缘裂缝检测方法[J]．石油物探，2003，42(3)：289～293.

[114]孙夕平，杜世通．边缘检测技术在河道和储层小断裂成像中的应用[J]．石油物探，2003，42(4)：469～472，476.

[115]黄捍东，张如伟，赵迪，等．塔河奥陶系碳酸盐岩缝洞预测[J]．石油地球物理勘探，2009，44(2)：213～218.

[116]熊晓军，贺振华，赵明金，等．一种基于 GHT 的裂缝检测新方法[J]．石油地球物理勘探，2009，44(4)：442～444，465.

[117]张延玲，杨长春，贾曙光．地震属性技术的研究和应用[J]．地球物理学进展，2005，20(4)：1129～1133.

[118]季玉新．裂缝储层预测技术及应用[J]．天然气工业，2007，27(S1)：420～423.

[119]陈佳梁，兰素清，王昌杰．裂缝性储层的预测方法及应用[J]．勘探地球物理进展，2004，27(1)：35～40.

[120]王永刚，李振春；刘礼农，等．利用地震信息预测储层裂缝发育带[J]．石油物探，2000，39(4)：57～63，94.

[121]赵春明．岩层曲率及其测定[J]．石油地球物理勘探，1981，16(6)：1～10.

[122]陈波，魏小东；任敦占，等．基于谱分解技术的小断层识别[J]．石油地球物理勘探，2010，45(3)：890～894.

[123]陈波，孙德胜；朱筱敏，等．利用地震数据分频相干技术检测火山岩裂缝[J]．石油地球物理勘探，2011，46(4)：610～613.

[124]王秀玲，季玉新；刘玉珍，等．应用地震吸收分析技术预测裂缝性储层[J]．油气地球

物理，2003，1(2)：44～46.

[125]王强．地震信息差异分析．中国石油勘探开发百科全书勘探卷，石油工业出版社，2008：998.

[126]王强．用地震资料预测地层压力的方法．BGP内部调研资料，2011.

[127]黄伟传，杨长春，王彦飞．利用叠前地震数据预测裂缝储层的应用研究[J]．地球物理学进展，2007，22(5)：1602～1606.

[128]曲寿利，季玉新，王鑫，等．全方位P波属性裂缝检测方法[J]．石油地球物理勘探．2001，36(4)：390～397.

[129]石建新，王延光，毕丽飞，等．多分量地震资料处理解释技术研究[J]．地球物理学进展，2006，21(2)505～511.

[130]屠世杰，庞全康，王丽，等．YC地区转换波数据处理及裂隙预测[J]．地球物理学进展，2006，21(2)：512～519.

[131]苏朝光，刘传虎，高秋菊．泥岩裂缝储层特征参数提取及反演技术的应用[J]．石油物探，2002，41(3)：339～342.

[132]李军，郝天珧，赵百民．地震与测井数据综合预测裂缝发育带[J]．地球物理学进展，2006，21(1)：179～183.

[133]李琼，李勇，李正文，等．基于GA－BP理论的储层视裂缝密度地震非线性反演方法[J]．地球物理学进展，2006，21(2)：465～471.

[134]王兴建，曹俊兴，李学民，等．基于分形理论的地震裂缝检测方法[J]．石油物探，2003，42(2)：191～195.

[135]杨云岭，孙怀福，王忠怀．“亮点”问题研究及其在东营凹陷周边浅层气勘探中的应用[J]．石油物探，1991，30(1)：39～50.

[136]陈旋，何伯斌，姜新平，等．亮点技术在温米西山窑组气藏勘探中的应用[J]．吐哈油气，2003，8(3)：306～308.

[137]范春华．元坝地区雷口坡组储层综合研究[J]．中国西部科技，2011，10(1)：8～10.

[138]张树林，李绪宣，易平．近海天然气藏地震预测技术及应用[J]．石油地球物理勘探，2002，37(4)：382～390.

[139]朱兆林，赵爱国．裂缝介质的纵波方位AVO反演研究[J]．石油物探，2005，44(5)：499～503.

[140]莫午零，吴朝东．裂缝性储层AVO模型研究[J]．天然气工业，2007，27(2)：43～45.

[141]曹孟起，王九栓，邵林海．叠前弹性波阻抗反演技术及应用[J]．石油地球物理勘探，2006，41(3)：323～326.

[142]彭真明，李亚林，梁波，等．叠前弹性阻抗在储层气水识别中的应用[J]．天然气工业，2007，38(4)：43～45，52.

[143]LiX Y，Kühnel，T，MacBeth C. Mixed mode AVO response in fractured media[J]. Expanded

Abstracts of 66th Annual Internat SEG Mtg, 1996, 1822～1825.

[144]刘卫华，高建虎，陈启艳，等．苏里格气田某工区储层预测可行性研究[J]．岩性油气藏，2009，21(2)：94～98.

[145]吴光大，徐尚成．AVO 技术在柴达木盆地东部天然气检测中的应用[J]．石油地球物理勘探，1994，29(增刊 1)：24～31.

[146]史松群，赵玉华．苏里格气田 AVO 技术的研究与应用[J]．天然气工业，2002，22(6)：30～34.

[147]胡伟光，范春华，秦绪乾，等．AVO 技术在 YB 地区礁滩储层预测中的应用[J]．天然气勘探与开发，2011，34(1)：26～35.

[148]胡伟光，蒲勇，赵卓男，等．利用弹性参数预测礁、滩相储层[J]．石油地球物理勘探，2010，45(S1)：176～180.

[149]胡伟光，李发贵，杨鸿飞．叠前弹性波阻抗反演在四川 FL 地区礁滩型储层预测中的应用[J]．海相油气地质，2010，15(4)：62～67.

[150]胡伟光．AVO 技术在生物礁储层预测中的应用[J]．中国西部科技，2012，11(3)：7～8.

[151]赵力民，彭苏萍，郎晓玲，等．利用 Stratimagic 波形研究冀中探区大王庄地区岩性油藏[J]．石油学报，2002，23(4)：33～36.

[152]徐黔辉，姜培海，沈亮．Stratimagic 地震相分析软件在 BZ25—1 构造的应用[J]．中国海上油气(地质)，2001，15(6)：423～426.

[153]赵力民，郎晓玲，金凤鸣，等．波形分类技术在隐蔽油藏预测中的应用[J]．石油勘探与开发，2001，28(6)：53～55.

[154]于红枫，王英民，李雪，等．Stratimagic 波形地震相分析在层序地层岩性分析中的应用[J]．煤田地质与勘探，2006，34(1)：64～66.

[155]邓传伟，李莉华，金银姬，等．波形分类技术在储层沉积微相预测中的应用[J]．石油物探，2008，47(3)：262～265.

[156]殷积峰，李军，谢芬，等．波形分类技术在川东生物礁气藏预测中的应用[J]．石油物探，2007，46(1)：53～57.

[157]王玉学，丛玉梅，黄见，等．地震波形分类技术在河道预测中的应用[J]．资源与产业，2006，8(2)：71～74.

[158]胡伟光．地震相波形分类技术在川东北的应用[J]．勘探地球物理进展，2010，33(1)：52～57.

[159]胡伟光，赵卓男，肖伟，等．YB 地区长兴期生物礁控制因素浅论[J]．特种油气藏，2010，17(5)：51～53.

[160]胡伟光，赵卓男，肖伟，等．川东北元坝地区长兴组生物礁的分布与控制因素[J]．天然气技术，2010，4(2)：14～16.

[161]吴强. VVA7.3用户手册[Z]. 北京：地模(北京)科技有限公司，2013，157～162.

[162]王志君，黄军斌. 利用相干技术和三维可视化技术识别微小断层和砂体[J]. 石油地球物理勘探，2001，36(3)：378～381.

[163]余得平，曹辉，王咸彬. 相干数据体及其在三维地震解释中的应用[J]. 石油物探，1998，37(4)：75～79.

[164]孙夕平，杨国权. 三维地震相干体技术在目标沉积相研究中的应用[J]. 石油物探，2004，43(6)：591～594.

[165]覃天，刘立峰. 多属性相干分析在预测储层裂缝发育带中的应用[J]. 石油天然气学报(江汉石油学院学报)，2008，30(6)：254～257.

[166]李玲，冯许魁. 用地震相干数据体进行断层自动解释[J]. 石油地球物理勘探，1998，33(S1)：105～111.

[167]胡伟光，蒲勇，赵卓男，等. 川东北元坝地区长兴组生物礁的识别[J]. 石油物探，2010，49(1)：46～53.

[168]胡伟光. 相干体技术在川东北油气勘探中的应用[J]. 物探化探计算技术，2010，49(1)：260～264.

[169]龚洪林，许多年，蔡刚. 高分辨率相干体分析技术及其应用[J]. 中国石油勘探，2008，32(3)：45～48.

[170]苏朝光，刘传虎，王军，等. 相干分析技术在泥岩裂缝油气藏预测中的应用[J]. 石油物探，2002，41(2)：197.

[171]刘传虎. 地震相干分析技术在裂缝油气藏预测中的应用[J]. 石油地球物理勘探，2001，36(2)：238.

[172]陶洪辉，秦国伟；徐文波，等. 地层主曲率在研究储层裂缝发育中的应用[J]. 新疆石油天然气，2005，1(2)：22～23，28.

[173]胡宗全，廖红伟. 分砂层地质曲率分析在裂缝预测中的应用[J]. 石油实验地质，2002，24(5)：450～454.

[174]王学军，陈汉林，王玉芹，等. 拟合曲率综合预测裂缝方法建立及其在陆西凹陷中的应用[J]. 浙江大学学报，2002，29(6)：712～719.

[175]王越之，宋金初，贺斌. 利用曲率法预测构造裂缝方向[J]. 江汉石油学院学报，2004，26(4)：52～53.

[176]Roberts A. Curvature attributes and their applicationto 3D interpreted horizons[J]. First Break，2001，19(2)：85～100.

[177]Sigismondi M E，Soldo J C. Curvature attributes and seismicint erpretation：Case studies from Argentina basins[J]. The Leading Edge，2003，22(11)：1112～1126.

[178]王有功，汪芯. 曲率法在尚家油田扶杨油层储层裂缝预测中的应用[J]. 科学技术与工程，2012，12(17)：4274～4277.

[179]钟思瑛．有限元应力法在构造裂缝预测中的应用[J]．石油天然气学报，2005，27(4)：556~558.

[180]张 帆，贺振华，黄德济，等．预测裂隙发育带的构造应力场数值模拟技术[J]．石油地球物理勘探，2000，35(2)：154~163.

[181]李德同，文世鹏．储层构造裂缝的定量描述和预测方法[J]．石油大学学报(自然科学版)，1999，20(4)：6~10.

[182]唐湘蓉，李晶．构造应力场有限元数值模拟在裂缝预测中的应用[J]．特种油气藏，2005，12(2)：25~27.

[183]王奕．建南构造志留系应力场分析[J]．江汉石油科技，2008，18(4)：6~8.

[184]杜婧，王尚旭，刘国昌，等．基于局部斜率属性的 VSP 波场分离研究[J]．地球物理学报，2009，52(7)：1867~1872.

[185]王华忠，徐蔚亚，王建民，等．VSP 数据波动方程叠前深度偏移成像及立体地震成像[J]．石油地球物理勘探，2001，36(5)：517~525.

[186]王珺，杨长春，刘海河，等．克希霍夫法 VSP 多波联合成像[J]．地球物理学进展，2006，21(3)：845~855.

[187]吴世萍，黄录忠，胡天跃．Walkaway VSP 多次波成像技术研究[J]．石油物探，2011，50(2)：115~123.

[188]Liu E，Li X Y. Seismic detection of fluid saturation in aligned fractures[R]. 70 th Annual International SEGMeeting，Calgary，Canada，6~11 August，2000，2373~2375.

[189]Shen F，Toksoz N. Scattering Characteristics in Heterogeneous Fractured Reservoirs From Waveform Estimation[J]. Geophysical Journal International，2000，140：251~265.

[190]Thomsen L. Elastic anisotropy due to aligned cracks in porous rock [R]. Geophysical Prospecting，1995，43：805~829.

[191]Shen F，Sierra J，Toksoz N. Offset - dependent attributes (AVO and FVO) applied to Fracture detection [R]. 69 th Ann Internat Mtg，Soc. Exp l. Geophys，1999，776~779.

[192]Li X Y. Fractured reservoir delineation using multicomponent seismic data[J]. Geophysical Prospecting，1997，45 (1)：39~64.

[193]曹均，贺振华，黄德济，等．裂缝储层地震波特征响应的物理模型实验研究[J]．勘探地球物理进展，2003，26(2)：88~92.

[194]凌云研究小组．宽方位角地震勘探应用研究[J]．石油地球物理勘探，2003，38(4)：350~357.

[195]刘云武，齐振勤，唐振国，等．海拉尔盆地乌东地区三维地震裂缝预测方法及应用[J]．中国石油勘探，2012，17(1)：37~41.

[196]杨鸿飞，胡伟光，范春华．川东北 S 地区裂缝预测技术浅论[J]．中国西部科技，2012，11(8)：5~6.

[197]胡伟光，刘珠江，范春华，等．四川盆地J地区志留系龙马溪组页岩裂缝地震预测与评价[J]．海相油气地质，2014，19(4)：25～29.
[198]乐绍东．AVA裂缝检测技术在川西JM构造的应用[J]．天然气工业，2004，24(4)：22～24.
[199]甘其刚，高志平．宽方位AVA裂缝检测技术应用研究[J]．天然气工业，2005，25(5)：42～43.
[200]边树涛，董艳蕾，郑浚茂．地震波频谱衰减检测天然气技术应用研究[J]．石油地球物理勘探，2007，42(3)：296～300.
[201]肖继林，胡伟光，肖伟．川东北马路背地区须家河组储层综合预测[J]．天然气技术，2010，4(3)：17～18.
[202]何又雄，钟庆良．地震波衰减属性在油气预测中的应用[J]．江汉石油科技，2007，17(3)：9～11.
[203]查朝阳，FRS培训教程整合版[M]．北京：恒泰艾普公司，2005，71～80.
[204]胡伟光，范春华，杨鸿飞，等．裂缝预测与勘探[M]．北京：中国石化出版社，2015.
[205]胡伟光，申小平，范春华，等．砂岩储层综合解释与预测[M]．北京：中国石化出版社，2015.